高等学校公共基础课系列教材

Python 程序设计

李光夏 编 著

西安电子科技大学出版社

内 容 简 介

本书讲述Python程序设计语言的语法和使用方法，涵盖Python的基础知识(包括其发展历程、特点、安装与维护方法、基本语法等)、复合数据类型、选择与循环结构、Unicode标准和字符串操作、函数的定义与使用、迭代协议、面向对象程序设计、类的相关语法、异常处理、模块及其使用方法等内容。本书以Python 3为讲述对象，示例程序采用Python 3.9编写，书中大部分内容对Python 3和Python 2均适用。

本书既可作为高等院校计算机及相关专业的Python程序设计课程教材，也可供有一定编程基础的读者自学。

图书在版编目(CIP)数据

Python程序设计 / 李光夏编著. —西安：西安电子科技大学出版社，2022.3(2022.4重印)
ISBN 978-7-5606-6270-1

Ⅰ. ①P… Ⅱ. ①李… Ⅲ. ①软件工具—程序设计 Ⅳ. ①TP311.561

中国版本图书馆CIP数据核字(2021)第249705号

策划编辑 高 樱
责任编辑 苑 林 高 樱
封面设计 周 杉
出版发行 西安电子科技大学出版社(西安市太白南路2号)
电 话 (029)88202421 88201467 邮 编 710071
网 址 www.xduph.com 电子邮箱 xdupfxb001@163.com
经 销 新华书店
印刷单位 陕西日报社
版 次 2022年3月第1版 2022年4月第2次印刷
开 本 787毫米×1092毫米 1/16 印 张 11.25
字 数 262千字
印 数 1001～3000册
定 价 39.00元
ISBN 978-7-5606-6270-1 / TP
XDUP 6572001-2

前　　言

本书源自作者于 2017 年起为西安电子科技大学计算机专业本科一年级学生开设的 Python 程序设计课程的讲义，紧密围绕 Python 程序设计语言的核心内容，以讲述 Python 基本语法、Python 内置工具的使用方法和 Python 程序的编写方法为目的，不涉及第三方应用模块的使用方法。在讲述 Python 语言的基础上，本书突出了 Unicode 标准、字符编码解码、迭代等与 Python 现实应用密切相关的内容，还对面向对象程序设计理念及其在 Python 中的实现方法进行了介绍。

目前，Python 语言有版本 2 和版本 3 之分，而 Python 官方已宣布自 2020 年 1 月 1 日起停止对 Python 2 的开发与支持。因此，本书以 Python 3 为讲述对象，书中示例程序采用 Python 3.9 进行编写。本书所述大部分内容对于 Python 3 和 Python 2 均适用。

由于书中一些地方将 Python 与 C 语言进行了对比，因此希望读者在学习本书前系统地学习计算机程序设计导论、C 语言程序设计等课程，但没有 C 语言等基础并不妨碍对本书的学习。

本书内容适宜用 30 课时讲授。

由于作者水平有限，书中纰漏在所难免，不当之处恳请读者批评指正。联系邮箱：liguangxia@gmail.com。

李光夏

2021 年 7 月 19 日

目　　录

第1章 Python基础知识

Python 是一个面向对象的、兼具编译型和解释型特点的高级动态类型计算机程序设计语言，最初由荷兰籍程序员吉多·范·罗苏姆(Guido van Rossum)于 1989 年创建，现由非营利组织 Python 软件基金会开发维护。与 C、C++等编译型语言相比，Python 对源代码解释执行的特性使其不需要独立的编译过程，程序编写完成后即可运行，适用于脚本等需要快速编码的日常任务。与传统的解释型语言不同，Python 会先将源程序自动地编译成中间代码，再通过虚拟机将中间代码翻译成机器代码并执行，由此提高了代码执行效率，令其同样胜任大型应用程序的开发；加之动态类型带来的灵活性、简洁易懂的语法、跨平台、丰富的第三方代码库以及开源免费等优点，使得 Python 自诞生以来很快就风靡全球，如今已稳居最受欢迎的编程语言前列，在系统运维、Web 服务、科学计算、机器学习、图形用户界面、软件开发等领域均有广泛应用。

本章介绍 Python 的基础知识，包括 Python 的发展历史、特点、安装及运行方法，着重讲述 Python 程序的执行过程、Python 交互环境与解释器以及 Python 包管理工具。通过本章的学习，读者将对 Python 有初步的了解，并能够编写简单的程序。

1.1 Python 简史

一切源自 Python 的发明者罗苏姆在 1989 年 12 月的一个决定，事后他回忆道：

> “1989 年 12 月，我在寻找一门‘课余’编程项目来打发圣诞节前后的时间。我的办公室会关门，但我有一台家用计算机，而且没有太多其他东西。我决定为当时我正构思的一个新的脚本语言写一个解释器，它是 ABC 语言[1]的后代，对 UNIX 和 C 程序员会有吸引力。作为一个略微有些无关想法的人和一个《蒙提·派森的飞行马戏团》[2]的爱好者，我选择了 Python 作为项目的标题。”

作为自由软件运动的支持者，罗苏姆随后选择通过互联网向全世界公开 Python 项目。随着 Python 影响力的增加，越来越多的人自发为其贡献代码、查漏补缺并增加新的功能，互联网上逐渐形成了围绕 Python 的使用、维护、开发的社群组织。2001 年，Python 软件基金会成立，它是一个致力于发展与 Python 语言相关的开源技术的非营利组织，负责开发 Python 的核心版本、维护知识产权、组织相关会议(如著名的 Python 大会 PyCon)以及管理

1 ABC 语言是荷兰数学和计算机研究所开发的以教学为目的的脚本语言，罗苏姆曾参与其开发。
2 《蒙提·派森的飞行马戏团》(*Monty Python's Flying Circus*)是英国电视喜剧，于 1969 年首播。

募款等。

自 1991 年罗苏姆公开 Python 项目以来，Python 发展迅速，版本更新频繁，至 2020 年已发布至 3.9 版本。回顾其发展历程，大致可分为三个阶段：

(1) Python 1 阶段(1994—2000 年)：Python 1.0 版于 1994 年 1 月发布，后续主要版本包括 1996 年 10 月的 1.4 版、1998 年 2 月的 1.5 版和 2000 年 9 月的 1.6 版。Python 1.x 尚不完善，且与日后版本差异较大，目前已被淘汰。

(2) Python 2 阶段(2000—2020 年)：2000 年 10 月发布的 Python 2.0 及多个后续版本增加了新功能，同时社群对开发过程的影响逐渐增大。Python 开发者在此期间做出了一个重要决定：为了弥补当时 Python 的一些设计缺陷，需要对语言底层进行大的修改，致使新的 Python 无法保持与 2.x 系列的向后兼容性，因此需要一个新的主版本号，即 Python 3。于是，从 2008 年起，Python 进入两个主版本号共存的阶段：2008 年 10 月发布的 Python 2.6 与 Python 3.0 基本一致，2009 年 6 月发布的 Python 2.7 与 Python 3.1 基本一致。但是，Python 官方于 2014 年宣布 Python 2.7 是 2.x 系列的最后一个版本，Python 3.x 系列代表 Python 的未来，鼓励用户逐步转向 Python 3。Python 官方对 Python 2.7 的支持于 2020 年 1 月 1 日正式终止，Python 2.x 系列的最终版本 Python 2.7.18 于 2020 年 4 月发布，这标志着 Python 2 时代的终结。

(3) Python 3 阶段(2008 年至今)：作为一个划时代的版本，Python 3.0 于 2008 年 12 月发布，它纠正了 Python 语言的一些设计缺陷，因此无法兼容之前的 Python 2.x 版本。不过，很多 Python 3 的新特性随后也被移植到 Python 2.6/2.7 之上。经过十余年发展，截至本书编写之时(2021 年)，Python 3 已发布至 3.9 版。随着 2020 年 1 月 1 日 Python 2.7 官方支持终止，代码冻结，Python 2 与 Python 3 同存并进的时代结束，未来对 Python 的开发和改进都将在 Python 3.x 系列中进行。

Python 官方在相当长一段时间内开发维护了两个无法兼容的版本，其中的不便无需多言。是什么原因让 Python 开发者做出了宁可违背“向后兼容”原则也要新开发一个 Python 3 的决定？答案是对于 Python 最初的一些设计缺陷，除非推倒重来，否则无法根除。例如，早期 Python 版本对 Unicode 的支持不完善，这是由于罗苏姆在 1989 年开发 Python 时 Unicode 标准还未出现(Unicode 标准发布于 1991 年)。虽然 Python 2 在发展过程中增加了对 Unicode 的支持，但“修修补补”终究比不上对整体框架的重构。类似的例子还有很多，或为初期设计欠妥，或为发展过程中产生了新的需求。本着“长痛不如短痛”的原则，Python 开发者舍弃对 Python 2 兼容性的追求，转而开发出 Python 3 这一新版本是十分明智的。

从 Python 2 向 Python 3 的迁移是一个长期的过程。考虑到 Python 2 庞大的用户基数，作为过渡版本的 Python 2.6/2.7 在 Python 2.x 语法的基础上兼顾吸纳了 Python 3.x 的部分语法和特性。然而，正如前文所述，2020 年 1 月 1 日之后 Python 官方将不再维护和更新 Python 2，越来越多的第三方项目也将放弃 Python 2 而转向 Python 3。Python 的使用者应考虑向 Python 3 迁移，初学者也应选择 Python 3 作为学习对象。因此，本书选取 Python 3.9 为主要描述对象，并对 Python 3 和 Python 2 的一些不一致的地方进行简要说明。

1.2 Python 的特点

Python 是一种兼具编译型和解释型特性，兼顾过程式、函数式和面向对象编程范式的通用型高级程序设计语言，其特点如下：

(1) 简单易用。Python 基于优雅、明确、简单的设计理念[1]。与 C、C++、Java 等常用语言相比，使用 Python 编写的代码篇幅更短，可读性更好。Python 同样易于学习，其官方网站提供了丰富详尽的文档和学习资料[2]。Python 还提供了交互环境，以供使用者快速测试语言功能，验证程序的执行结果。

(2) 兼具编译型和解释型语言的优点。在普通使用者看来，Python 是解释型语言，其源代码在编写完成后可以很方便地直接运行，没有编译型语言所需的编译、链接等步骤。在底层实现上，Python 自动将源代码先编译成字节码(byte code)，再将字节码交由 Python 虚拟机(Python Virtual Machine，PVM)执行，由此提高了程序的执行效率。

(3) 高级语言。Python 是一种高级编程语言，其运行过程中的中间产物字节码与硬件平台无关，由此实现了上层程序和底层硬件的解绑，使得用户能够专注于解决问题而无须考虑平台差异。此外，Python 还提供了动态类型检查、自动内存管理、组合数据结构以及丰富的内置函数和第三方代码库支持。

(4) 跨平台。Python 是跨平台的语言，其源代码无须修改便可在各种平台上运行，包括 Windows、UNIX/Linux、MacOS 等。

(5) 面向对象。Python 是面向对象的语言，Python 中的一切(数字、字符串、函数、类、模块等)都是对象，封装、继承、多态等面向对象编程要素在 Python 中一应俱全。此外，Python 还支持运算符重载和多重继承。

(6) 支持多种编程范式。除了面向对象外，Python 还支持过程式编程和函数式编程，因此 Python 是一种多范式编程语言。用户通过 Python 可以编写过程式、函数式或面向对象的程序，也可将多种范式混合使用。

(7) 丰富强大的第三方代码库。Python 除了自带的标准库模块之外，还有数量庞大的第三方库。这些第三方代码被组织成包(package)，可用包管理工具 pip 下载到本地进行自动安装。第三方代码库的功能十分丰富，涵盖了常见应用程序涉及的所有领域，并一直保持着更新和扩充。

(8) 方便与其他语言集成。Python 程序可以轻松地集成至其他语言编写的程序之中。Python 代码可以调用 C/C++函数，也可以在 C/C++函数中被调用，还可以与 Java 和.NET 组件集成。因此，Python 常被当作“胶水语言”编写脚本，以黏合其他系统和组件。典型的做法是使用 C/C++编写程序中性能关键的部分，同时提供 Python 接口供用户在高层进行控制和自定义。

(9) 开源免费。Python 是开源软件，基于 Python 软件基金会许可证(Python Software

---

1 体现这一设计理念的 The Zen of Python 可以在 Python 交互环境中通过输入 import this 查看。

2 https://www.python.org

Foundation License，PSFL)分发。只要遵循协议，任何人都可以免费学习、运行、修改和共享 Python。

1.3　Python 程序的执行过程

如前所述，Python 兼具编译型和解释型语言的特点，其源程序的执行过程分为两步：① 源代码被自动编译生成字节码；② Python 虚拟机解释执行字节码。为进一步说明这种“混合式”的执行方式，首先简要回顾编译型语言和解释型语言的特点。

最初，人们采用由二进制码组成的机器语言编写程序。虽然这些机器指令码可以由计算机直接执行，但其晦涩难懂又容易出错，且缺乏通用性。很快人们采用助记符号代替机器指令码发明了汇编语言。但是，由于计算机只认识二进制机器指令码，用汇编语言编写的程序必须翻译成机器指令码才能被执行。为了进一步降低编程难度，又出现了高级计算机语言(如 BASIC、C/C++、Java 等，Python 也属于高级语言)。与汇编语言和机器语言相比，高级计算机语言更接近人类语言，用户不必了解计算机的指令系统和硬件结构就能够编写程序。显然，和汇编语言一样，当计算机执行高级语言编写的程序时，仍需要将源程序转换成机器指令码。根据这个转换过程的不同，可将高级语言分为编译型语言和解释型语言。

编译型语言的源程序在运行时先由编译器编译成为机器代码，再由 CPU 直接执行机器代码。编译生成的机器代码可以被存储起来，下次运行时无须重新编译。使用编译型语言编写的程序执行速度快，占用 CPU 等资源少，但调试不易且跨平台性差。

解释型语言无须像编译型语言一样事先将源程序一次性地全部编译成机器代码，然后运行，而是在执行时由一个名为解释器(interpreter)的程序动态地将源程序逐句转换成机器代码并执行。得益于解释器这个“中间层”的存在，解释型语言很容易实现跨平台运行。但由于解释器运行时也要占用 CPU 和内存，因此解释型语言的执行效率一般不及编译型。然而，在实践中程序的执行效率并不是唯一需要考虑的因素，便于开发调试、易于修改(代码经修改后无须编译即可运行)等都是解释型语言的优点。

实际上，Python 源程序就是由 Python 语句构成的文本文件，习惯上以 .py 作为文件扩展名。在运行时，Python 源程序先被自动编译成一连串字节码。字节码不像源代码一样可以供人阅读，它是编译器对源程序进行语法、语义分析后生成的紧凑的指令代码，以二进制形式存储。“字节码”这一名称源自其指令集由一个字节的操作码和一个字节的可选参数构成。与普通编译型程序生成的机器码不同，字节码不能由 CPU 直接执行，而需要由 Python 虚拟机解释执行，它实际上是针对 Python 虚拟机的一组指令。也正因为如此，字节码与底层的硬件和操作系统无关，从而使得 Python 源程序无须修改即可在多个平台上运行。

当 Python 在所运行的机器上有“写权限”时，编译生成的字节码会以 .pyc 为文件扩展名存储在本地，从而在下次执行时无须再次编译就可以直接加载运行。值得注意的是，Python 默认不会存储作为脚本执行的顶层程序所对应的 .pyc 文件，而只存储作为模块被导入的源程序的 .pyc 文件。在 Python 3.2 之前，.pyc 文件被存储在与对应的 .py 文件相同的目录下；而在 Python 3.2 及更高版本中，Python 将 .pyc 文件存储至名为__pycache__的子目录下，并在文件名中加入了 Python 版本的标识字段。如果 Python 没有“写权限”，程序一样可以运行，但存在于内存中的字节码会在程序运行结束后被丢弃。

当运行源程序时，Python 会先在相应位置寻找 .pyc 文件。当找到 .pyc 文件后，通过比较 .pyc 文件和 .py 文件最近一次的修改时间判断是否需要重新编译。如果 .pyc 文件的修改时间晚于 .py 文件，说明源文件自上次编译后没有改动，则直接载入执行 .pyc 中的字节码，否则先重复上面的编译过程再执行。如果找不到 .pyc 文件，则编译生成新的字节码再执行。如此避免了代码多次执行时的反复编译，提高了效率。此外，由于 Python 虚拟机可以直接运行 .pyc 文件而无需原始的 .py 文件，这实际上提供了一种在隐藏源代码的情况下发布 Python 程序的方法。

图 1-1 为 Python 源程序的执行过程。值得注意的是，此过程的细节被特意地向普通程序员隐藏了起来。在普通程序员看来，Python 源程序在编写完成后即可直接运行，没有 C/C++等编译型程序所需的编译、链接等步骤。Python 源代码向字节码的编译过程总发生在运行时，如此做的好处是可以将程序的开发和运行环境合二为一，允许程序员在程序运行中对局部功能进行现场修改，并即时看到修改结果，从而加快了程序的开发周期。

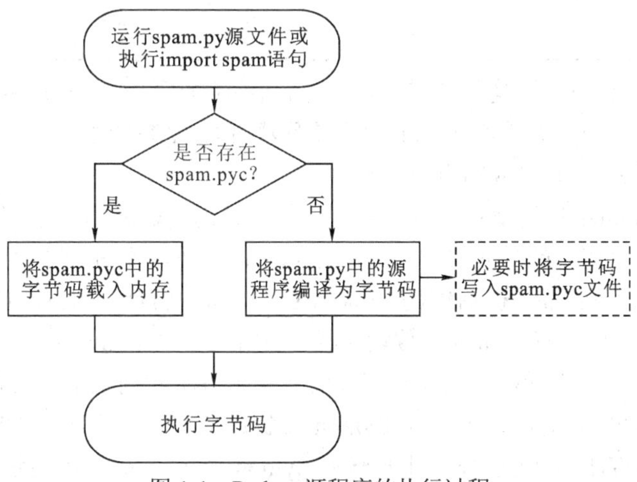

图 1-1　Python 源程序的执行过程

还有人认为，编译和解释的区别在于编译是一次性地翻译，源程序一经编译，生成的机器码就可以直接由 CPU 执行。而 Python 程序在执行时会先被编译成字节码，字节码是一种中间码，不能被 CPU 直接执行，还需交由 Python 虚拟机解释执行。由此看来，Python 属于解释型语言。这是一种合理的说法。更合理的说法是，Python 是解释型语言，同时带有一些编译特征，或者说，Python 是兼具编译型和解释型特点的语言。

1.4　安装 Python

Python 官方网站的下载页面提供了适用于多个平台的安装文件[1]，安装文档页面则提供了

1　https://www.python.org/downloads

详尽的安装说明[1]。Python 具体的安装步骤因平台而异，读者可参考相应文档。本节仅简要介绍常用操作系统 Windows 和 Linux 下 Python 的安装方法。

1.4.1 在 Windows 下安装

在 Windows 下安装 Python 的最简单的方法是下载可执行安装文件，双击其图标后在每次提示时单击“是”或“下一步”按钮，以执行默认安装。值得注意的是，在默认情况下，Python 安装程序会将其可执行文件放置在当前用户的 AppData 目录之下，如此做的好处是安装、运行无需管理员权限。当有足够权限或希望多个用户共享一个 Python 时，习惯的做法是将 Python 安装至 C 盘根目录，如将 Python 3.9 安装至目录 C:\Python39。

安装完成后，打开 Windows 命令提示符(应用程序 cmd.exe)，输入命令 python 即可启动 Python 交互环境，说明安装成功。其具体内容如下：

```
C:\>python
Python 3.9.1 (tags/v3.9.1:1e5d33e, Dec  7 2020, 17:08:21) [MSC v.1927 64 bit (AMD64)] on win32
Type "help", "copyright", "credits" or "license" for more information.
>>>
```

如果显示“‘python’不是内部或外部命令，也不是可运行的程序或批处理文件”，则说明安装有问题。一般而言，其可能的原因是环境变量 PATH 设置不当，致使系统无法定位用户输入的命令 python 对应的可执行程序。

正确设置 Windows 环境变量 PATH 是这里的关键。环境变量就是存储在操作系统中的一系列“名称”和“值”的二元对，应用程序可以访问环境变量的值以进行配置。环境变量最早出现于 UNIX 操作系统，后续的 Windows 和 Linux 均有采用。此处的环境变量 PATH 包含一个目录列表，用于指定命令的搜索路径。当用户在 Windows 命令提示符中输入命令而不提供其所对应的可执行程序的完整路径时，系统将从此列表中查找路径。用于启动上述 Python 交互环境的命令 python 位于 Python 安装目录的顶层(如 C:\Python39)，如果此路径不在环境变量 PATH 中，就会发生用户输入 python 命令而系统无法找到其所对应的应用程序的错误。

实际上，在安装 Python 的过程中会出现一个选项“Add Python 3.9 to PATH”，用户选择此选项后，安装程序就会自动配置环境变量。若因配置损坏需要手动配置，可在 Windows 操作系统中搜索“环境变量”并打开相应的选项卡，在“系统变量”中选择“Path”，单击“编辑”按钮并输入 Python 的安装路径(如 C:\Python39)即可。需要注意的是，多个路径之间要使用分号作为间隔。

1.4.2 在 Linux 下安装

大多数 Linux 操作系统默认安装了 Python，用户可以在 shell 下输入命令 python 进行验证，如成功启动 Python 交互环境，则证实 Python 已安装成功；如遇到如下错误信息：

1 https://docs.python.org/3/using/index.html

```
$ python
bash: python: command not found
```

则表示在搜索路径上找不到 python 命令，其中的一种可能是操作系统还未安装 Python。

在 Linux 上安装 Python 最简单的方法是使用 Linux 软件包管理器。根据 Linux 发行版本的不同，需使用相应的软件包管理器安装 Python。以常用的 Debian 及其衍生版 Ubuntu 为例，可以使用默认的软件包管理器 APT 安装 Python：

```
$ apt-get install python
```

Python 安装完成后，Python 解释器(名为 python 的可执行文件)的位置会被自动添加到环境变量 PATH 中。一般而言，可执行文件 python 的安装位置为：

```
$ /usr/local/bin/python
```

1.5　运 行 Python

在机器上成功安装 Python 后会生成一个名为 python 的可执行文件，即 Python 解释器。通过运行该可执行文件，用户可以选择两种方式来执行 Python 程序：在交互环境中输入一条 Python 语句并立即执行，或将多条 Python 语句存储成源程序文件后一次性执行。以下分别介绍这两种方式。

1.5.1　使用 Python 交互环境

Python 提供了一个名为交互环境(interactive shell)的应用程序。最简单的运行 Python 程序的方法就是在 Python 交互环境中输入程序，这种运行方式也可以称为交互提示模式。假设 Python 解释器已经作为一个可执行程序安装在系统中，在操作系统的提示命令行下输入 python，且不带任何参数，即可启动 Python 交互环境。交互环境启动后首先显示 Python 版本号等信息，接下来显示“>>>”等待用户输入。用户输入 Python 语句并按 Enter 键，所输入语句会被立刻执行，返回结果显示在下一行。例如，在交互环境中输入“1 + 1”后即刻显示结果“2”：

```
C:\>python
Python 3.9.1 (tags/v3.9.1:1e5d33e, Dec  7 2020, 17:08:21) [MSC v.1927 64 bit (AMD64)] on win32
Type "help", "copyright", "credits" or "license" for more information.
>>> 1 + 1
2
```

在 Windows 操作系统中，可以按 Ctrl + Z 组合键结束该会话；在 Linux 操作系统中，可以按 Ctrl + D 组合键结束该会话。

1.5.2　使用 Python 解释器

虽然用户在 Python 交互环境中可以输入代码、运行并即刻查看结果，但无法将它们保存下来：一旦关闭了交互环境窗口，所输入的代码就消失了，下次使用时还需重新输入。对于需要持久化存储的程序代码，更好的办法是将其保存在以 .py 为扩展名的文本文件之中，即创建一个 Python 源程序文件，然后使用 Python 解释器运行这个源程序文件。

下例是一个简单的 Python 源程序文件 spam.py 的内容，用于向终端打印一句话“Hello, world!”：

```
print('Hello, world!')
```

打开 Windows 操作系统的命令提示符或 Linux 操作系统的 shell，切换至源程序文件 spam.py 所在的目录，然后输入启动 Python 解释器的命令 python，后跟源程序文件名 spam.py，这样就执行了该源程序文件中的代码，最终的输出如下：

```
C:\>python spam.py
Hello, world!
```

Python 解释器命令 python 还可以配合很多参数使用，例如显示 Python 解释器的版本号：

```
C:\>python --version
Python 3.9.1
```

更多参数及其用法可以通过输入 python -h 查看，在此不再赘述。

1.6　包管理工具 pip

与大多数程序设计语言一样，Python 的核心部分被设计得十分精简，更多的功能需通过调用库函数来实现。Python 采用模块包(module package)的形式组织库函数，有标准库模块和第三方库模块之分。标准库模块随 Python 安装文件一同发布，用户在安装了 Python 解释器后即可通过导入操作直接使用；第三方库模块需要用户按需求手动下载安装，之后才能在代码中导入使用。

丰富而强大的第三方库模块是 Python 成功的关键。至 2020 年，Python 第三方模块仓库 PyPI[1](Python Package Index)已收录了超过 240 000 个软件包，功能包罗万象。PyPI 网站还提供分类检索功能，普通应用程序的功能基本上都能在其中找到相应的第三方库模块实现，可直接使用，大大降低了程序开发成本。

为了方便用户在本地安装和维护第三方软件包，Python 提供了一个名为 pip 的命令行程序。有趣的是，pip 正是 Pip Installs Package 的首字母缩写，这种递归式缩写经常被开源软件使用。从 Python 3.4 开始，安装 Python 时会自动地向系统添加一个 pip 命令，其位于

1　https://pypi.org

Python 安装目录之下的 Scripts 子目录之中。在 Windows 操作系统的命令提示符或 Linux 操作系统的 shell 之下，可以通过输入 pip 后跟子命令的方式使用。pip 支持对 Python 第三方软件包的下载、安装、卸载、查看等一系列操作。表 1-1 列出了 pip 的常用命令，可通过官方文档查看更多命令及其说明[1]。

表 1-1 pip 的常用命令

命　令	说　明
pip help	列出 pip 的子命令
pip install <package>	下载并安装模块包
pip install <package>==<version>	下载并安装指定版本的模块包
pip uninstall <package>	卸载指定的模块包
pip list	列出系统中已经安装的模块包
pip list --outdated	列出系统中已经安装的并有新版本可用的模块包
pip show <package>	显示指定的已经安装的模块包的详细信息
pip search <package>	联网搜索指定的模块包
pip freeze > requirements.txt	导出已安装的第三方模块包及其版本信息至文件 requirements.txt 中
pip install -r requirements.txt	安装 requirements.txt 中列出的模块包

值得注意的是，pip 默认从 PyPI 提供的仓库下载软件包，如果网络连接较差，可以考虑将 PyPI 仓库改为国内的镜像。例如，下例在安装软件包时通过--index-url(或简写-i) 参数指定使用清华大学开源软件镜像：

```
pip install --index-url https://pypi.tuna.tsinghua.edu.cn/simple <package>
```

还可以一劳永逸地将软件包源从 PyPI 改为其他镜像，例如：

```
pip config set global.index-url https://pypi.tuna.tsinghua.edu.cn/simple
```

这实际上是生成了一个名为 pip.ini 的配置文件，并将源地址添加了进去。配置文件 pip.ini 的存储位置因系统不同而异，具体可以参考 pip 的官方文档。

1.7 Python 编码规范

Python 官方网站上的 PEP-8[2]文档详细说明了编写 Python 代码时所应遵循的规范，以下仅列举几项。

1. 缩进

Python 使用缩进界定代码块的起始，这与使用大括号的 C/C++有很大不同。空格和制

1 https://pip.pypa.io/en/stable/user_guide
2 https://www.python.org/dev/peps/pep-0008

表符 Tab 都可以用于缩进，但是在实践中不应使用制表符 Tab，而要以四个空格为基本缩进单位，尤其不能将空格和制表符 Tab 混用。如果将空格和制表符 Tab 混用，则 Python 在执行程序时就会报错。

2. 变量名

变量名可以包括字母、数字和下画线，但不可以数字开头。普通变量名和函数名的单词全部小写，有多个词时用下画线连接，如 lowercase_with_underscores。类名单词的首字母大写，如 CamelCase。如果类名中有缩写词，则缩写词的所有字母都应大写，如命名成 HTTPServerError 要比 HttpServerError 好。定义在模块顶层的常量全部用大写字母拼写，有多个词时用下画线连接，如 UPPERCASE_WITH_UNDERSCORES。不要使用单独的 l、I 以及 O/o 作为只有一个字符的变量名，因为它们看上去和数字 1 和 0 很像。

3. 行长度

一行不要超过 79 个字符，这样的代码在小屏显示器上阅读体验更好，还便于在大屏显示器上并排阅读多个代码文件。需要注意的是，PEP-8 制定于 2001 年，当今的显示器屏幕尺寸和分辨率都较当时有较大提升，并且一些复杂的业务逻辑代码如以 79 个字符为限进行换行在很多时候反而降低了可读性，所以不应将 79 个字符作为强制限制，在实践中可适当放宽，关键是在同一个项目中保持一致。

4. 跨行书写

括号内元素可以跨行书写，这时第二行开头需较第一行多增加一级缩进，或与左括号后一字符垂直对齐。例如：

```
def long_function_name(
        var_one, var_two, var_three,
        var_four):
    print(var_one)

foo = long_function_name(var_one, var_two,
                         var_three, var_four)


if (this_is_one_thing and
    that_is_another_thing):
    do_something()
```

还可以通过在最后一行加反斜杠的方式进行跨行。例如：

```
with open('/path/to/some/file/you/want/to/read') as file_1, \
     open('/path/to/some/file/being/written', 'w') as file_2:
    file_2.write(file_1.read())
```

需要注意的是，Python 会将圆括号、中括号和大括号中的行隐式地连接起来，可以通过这种方式实现跨行书写。如果需要，可以在表达式外围增加一对额外的圆括号。

5. 空格

对用于分隔列表元素、函数参数等的逗号，在其后要加一个空格；对一般的运算符，在其左右都要加一个空格，如赋值运算(=)、比较运算(==、<、>、!=、<=、>=)、测试运算(in、is)、逻辑运算(and、or、not)等；对用于指示函数关键字参数或默认参数值的等号(=)，不要在其两侧使用空格；当优先级不同的多个运算符一起使用时，要为优先级最低的运算符加上空格。例如：

```
c = (a + b) * (a - b)
x = x*2 - 1
z = x*x + y*y
```

6. 空行

在源程序文件顶层定义的类与类、函数与函数、类与函数之间要空两行。类成员函数之间空一行。函数体内可适当使用空行以表示不同的逻辑段落。谨慎地使用额外的空行来标识一组相关的函数。一组相关的单行代码之间的空行可以省略。

7. 模块导入

一个 import 语句只导入一个模块，但在一个 from … import 语句中可以同时导入多个对象。慎用 from … import *语句进行全导入。将 import 语句放置在模块文件的头部，在模块的注释和文档字符串(如果有)之后，在模块的全局变量和常量(如果有)之前。多个 import 语句按照从最通用到最不通用的顺序排列，即首先导入标准库模块，然后导入第三方库模块，最后导入本地模块，在这三组导入之间使用空行进行分隔。

8. 注释

Python 中的注释有单行注释和多行注释。单行注释以符号“#”开头，多行注释用三个单引号“'''”或者三个双引号“"""”括起来。Python 还有文档字符串(docstring)，它出现在函数体及类定义的首行，采用多行注释，其中第一行为对象用途的简短摘要，第二行为空行，从第三行开始是详细的描述。文档字符串的内容可以通过对象的__doc__属性被自动提取，文档生成器 pydoc 也需要依赖文档字符串来工作。编写文档字符串的标准详见 PEP-257[1]。

9. 源程序文件的编码

在编写 Python 3 的源代码时，使用其默认的 UTF-8 编码；Python 2 则使用其默认的 ASCII(American Standard Code of Information Interchange，美国信息交换标准代码)编码，这是为了让程序适应国际多语环境。即使多语阅读、维护代码的可能再小，也不要在标识符中使用非 ASCII 字符。

以上仅简要列出了 Python 编码规范中的部分重要内容，更多内容详见 PEP-8 文档。需要注意的是，这里提供的指导原则是为了提高代码的可读性，使不同人编写的 Python 代码风格尽量保持一致。对于已存在的历史项目，还是应尽量遵循其已有的规范，不要为了机械地遵守 PEP-8 而破坏了其代码风格的一致性。

1　https://www.python.org/dev/peps/pep-0257

1.8 Python 脚本示例

有时希望在 Linux 操作系统中像运行脚本一样运行 Python 源程序，而不需要显式地使用 Python 解释器。这时可以在源程序文件的首行加上如下语句：

```
#! /usr/bin/env python
```

该行语句在 Python 解释器看来是程序注释，不会对源程序产生影响。但 Linux 执行一个脚本文件时会把“#!”之后的内容提取出来，拼接在脚本文件名之前，再将整体作为命令执行，这样即指定了用于执行脚本文件的 Python 解释器。虽然以上写法不是必需的，且仅在 Linux 操作系统下有效，但很多 Python 脚本都遵循这种写法。这样做除方便在 Linux 下运行外，还起到提示使用者该源程序文件可直接执行的目的。

下例演示了一个用于计算斐波那契数列的 Python 脚本。斐波那契数列由 0 和 1 开始，之后的每一项都等于前两项之和。

```
#! /usr/bin/env python

def fib(n):
    """Print a Fibonacci series up to n."""
    a, b = 0, 1
    while a < n:
        print(a)
        a, b = b, a+b

if __name__ == '__main__':
    n = int(input('Please enter a number:'))
    fib(n)
```

注意上例中的条件判断语句“if __name__ == '__main__'”，其中的变量__name__由 Python 自动维护。当源程序文件被直接运行时，__name__的值为字符串 '__main__'；当作为包被导入时，__name__的值为源程序文件名(没有扩展名.py)。相关内容会在后续章节中说明。

第2章　复合数据类型

C 语言的使用者都知道，记录一个人的年龄需要使用整型数，记录多个人的年龄则需要使用整型数组，这里的整型属于基本数据类型，而数组则属于复合数据类型。复合数据类型由程序设计语言提供的基本数据类型以一定方式组合而成。与 C 语言类似，Python 提供了整型、浮点型、布尔型等基本数据类型。与 C 语言不同的是，Python 内置的复合数据类型更加丰富，使用起来也更为方便。例如，Python 提供的列表与 C 语言中的数组类似，都可以通过索引的方式访问内部元素，但 Python 中的列表可以存储不同类型的数据，在创建时无需提前指定大小，当容量不够时还会自动扩充。除列表以外，Python 提供的元组、字典、集合、字符串等也属于复合数据类型。由于在编写 Python 程序时会频繁地使用这些内置的复合数据类型，因此熟练掌握它们的用法很有必要。

本章将重点讲述列表、元组、字典和集合的基本操作，而将有关字符串的内容留至第 4 章介绍。此外，本章还将深入探讨 Python 中变量、对象和引用的概念，以及其在实现 Python 动态数据类型中的作用。

2.1　列　　表

2.1.1　列表的基本操作

列表(list)是若干个对象的有序聚合。列表中存储的每一个对象称为一个元素，在定义列表时，将所有元素置于一对方括号中，并用逗号进行分隔。列表中各个元素的数据类型可以相同，也可以不同，可同时包含整型、浮点型、字符串等任意类型的对象，甚至是另一个列表。可以通过索引的方式访问列表的元素，索引由一对方括号和其中表示下标的数字组成：第一个元素的下标为 0，第二个元素的下标为 1，依此类推。除正向索引外，Python 还支持反向索引：最后一个元素的下标为 -1，倒数第二个元素的下标为 -2，依此类推。例如：

```
>>> x = [1, 3.14, 'spam', ['a', 'b', 'c']]
>>> x
[1, 3.14, 'spam', ['a', 'b', 'c']]
>>> x[0]
1
>>> x[-1]
['a', 'b', 'c']
```

列表属于可变对象(mutable object)。这里的可变(mutable)指的是一个对象在创建之后其值仍可被修改，而与之相对的不可变(immutable)是指一个对象一经创建就不可修改。辨识可变对象与不可变对象是本章的重点之一，下文还将详述。

可以通过下标索引配合赋值操作来改变列表中的元素。如果使用切片操作，即用冒号分隔两个下标值，分别代表起始下标(包含)和终止下标(不包含)，则可以改变列表的长度，甚至是清空列表中所有的元素，使其成为空列表，空列表的长度为零。示例如下：

```
>>> x = [1, 3.14, 'spam', ['a', 'b', 'c']]
>>> x
[1, 3.14, 'spam', ['a', 'b', 'c']]
>>> x[1] = 2
>>> x
[1, 2, 'spam', ['a', 'b', 'c']]
>>> x[1:3] = [3, 5, 7, 9]
>>> x
[1, 3, 5, 7, 9, ['a', 'b', 'c']]
>>> x[:] = []
>>> x
[]
```

可以使用 del 命令配合索引或切片操作删除列表中的一个或多个元素，也可以通过 del 命令加列表名删除整个列表。示例如下：

```
>>> x = [1, 3.14, 'spam', ['a', 'b', 'c']]
>>> x
[1, 3.14, 'spam', ['a', 'b', 'c']]
>>> del x[2]
>>> x
[1, 3.14, ['a', 'b', 'c']]
>>> del x
>>> x
Traceback (most recent call last):
  File "<stdin>", line 1, in <module>
NameError: name 'x' is not defined
```

可以使用“+”运算符连接两个列表，虽然这种方法在形式上看是向原列表末尾添加元素，然而实际上在经过“+”运算之后，原列表没有变化，而是由 Python 自动创建了一个新列表，并将原列表中的元素和另一列表中的元素依次复制到新列表中。类似的操作还有“*”运算，其返回一个新列表，而不改变原列表。示例如下：

```
>>> x = [1, 2, 3]
>>> y = x + [4]
>>> y
[1, 2, 3, 4]
>>> x
[1, 2, 3]
>>> z = x * 3
>>> z
[1, 2, 3, 1, 2, 3, 1, 2, 3]
>>> x
[1, 2, 3]
```

可以使用运算符 in 判断一个元素是否存在于列表中，返回结果为布尔型的 True 或 False。运算符 in 也可与 for 循环语句一同使用，用于遍历列表中的每一个元素。示例如下：

```
>>> 1 in [1, 2, 3]
True
>>> '1' in [1, 2, 3]
False
>>> for i in [1, 2, 3]:
...     print(i, end=' ')
...
1 2 3
```

为了遍历列表，还可以依据列表长度，使用内置函数 range()生成从 0 至列表长度减 1 的序列，再将该序列中的元素作为索引操作的下标使用。示例如下：

```
>>> x = [1, 2, 3]
>>> for i in range(len(x)):
...     print(x[i], end=' ')
...
1 2 3
```

也可以通过内置函数 enumerate()同时获得列表中的元素和其对应的下标。示例如下：

```
>>> x = [1, 2, 3]
>>> for i, v in enumerate(x):
...     print('x[%d] = %d' % (i, v))
...
x[0] = 1
```

```
x[1] = 2
x[2] = 3
```

以上的 range()、len()、enumerate()以及 print()都属于内置函数(built-in function)。内置函数是由 Python 提供的一些函数，用于完成编程中一些常用的操作，可以直接在代码中使用。熟练使用内置函数是编写流畅的 Python 程序的关键，有关内置函数的详细说明可参见官方文档[1]。

2.1.2　列表的常用方法

除了索引、切片以及一些内置函数外，大多数对列表的操作要通过列表对象自身提供的一系列方法来实现。所谓方法(method)，只不过是一些函数，这些函数依附于特定的对象并对这些对象进行操作。要调用某一对象的方法，需使用点号操作符“.”，并采用形如 object.method()的语法。对象调用方法之后的结果可分两种情况：一种是没有返回值(实际返回了 Python 中特有的空对象 None)，但对象本身得到了修改；另一种是以函数返回值的形式返回调用结果，但对象本身保持不变。区分对象调用方法后有没有返回值以及原对象是否被修改是编写正确 Python 代码的关键，也是初学者需要注意的地方。

表 2-1 列出了列表对象的常用方法。更多方法以及详细说明可在 Python 标准库手册[2]中查阅，或在 Python 交互环境中输入 dir(list)或 help(list)查看。

表 2-1　列表对象的常用方法

方　法	说　明
list.append(x)	将对象 x 添加至列表 list 尾部
list.extend(x)	将序列 x 中的所有元素依次添加至列表 list 尾部
list.insert(index, x)	在列表指定位置 index 处添加对象 x
list.pop([index])	删除并返回列表对象指定位置的元素
list.remove(x)	在列表 list 中删除首次出现的指定元素 x
list.clear()	删除列表中的所有元素，但保留列表对象
list.index(x)	返回值为 x 的首个元素的下标
list.count(x)	返回指定元素 x 在列表 list 中的出现次数
list.sort()	对列表元素进行原地排序
list.reverse()	对列表元素进行原地逆序
list.copy()	返回列表对象的浅拷贝(shallow copy)

1　https://docs.python.org/3/library/functions.html
2　https://docs.python.org/3/library

2.1.1 小节提到了使用“+”运算符连接两个列表，返回一个包含两个列表元素的新列表。实际上，为了向列表尾部添加元素，真正应该使用的是列表对象的 append()方法。append()方法没有返回值，但会修改原列表(所谓的原地修改)。由于无须生成新的列表对象，因此 append()方法的效率要高于使用“+”运算符的连接操作。

以下代码分别对 append()方法和“+”运算符进行了 10000 次调用，并简单计时，输出的结果是以秒为单位的运行时间。读者可以自行运行代码进行实验，虽然每次的运行时间不尽相同，但大体上看使用 append()方法要比“+”运算符快 100 倍以上。由此可见，向列表末尾添加元素应尽量使用列表的 append()方法。

```
import time


x = []
start = time.time()
for i in range(10000):
    x.append(i)
print("%f" % (time.time() - start))


y = []
start = time.time()
for i in range(10000):
    y = y + [i]
print("%f" % (time.time() - start))
```

列表的 extend()方法同样可以用于向列表末尾追加元素。与 append()方法将待添加的对象作为一个整体一次性加入原列表末尾不同，extend()方法是将一个序列中的对象依次添加到原列表末尾。extend()方法同样对列表进行原地修改，没有返回值。试比较下例中添加同一个列表对象时 append()和 extend()方法调用结果的区别：

```
>>> x = [1, 2, 3]
>>> x.append([4, 5])
>>> x
[1, 2, 3, [4, 5]]
>>>
>>> y = [1, 2, 3]
>>> y.extend([4, 5])
>>> y
[1, 2, 3, 4, 5]
```

列表对象的 insert(index, item)方法将元素 item 添加至由参数 index 指定的列表下标位置之前。insert()方法对列表进行原地修改，没有返回值。示例如下：

```
>>> x = [1, 2, 3]
>>> x.insert(3, 'four')
>>> x
[1, 2, 3, 'four']
>>> x.insert(0, 'zero')
>>> x
['zero', 1, 2, 3, 'four']
```

应尽量从列表尾部进行元素的增加与删除操作。使用列表的 insert()方法可以在列表的任意位置插入元素，但在列表头部及中间位置插入时会涉及插入位置之后的存储内容的移动，较为耗时。使用 remove()方法移除指定元素、使用 pop()方法弹出列表非尾部元素以及使用 del 命令删除列表非尾部元素时都有类似的问题。

列表对象的 pop([index])方法删除并返回指定位置下标 index 处的元素。如果不提供下标 index 作为参数，则删除并返回列表中最后一个元素；如果下标索引超出了列表的范围，则产生异常。示例如下：

```
>>> x = [1, 2, 3, 4]
>>> x.pop()
4
>>> x
[1, 2, 3]
>>> x.pop(1)
2
>>> x
[1, 3]
>>> x.pop(2)
Traceback (most recent call last):
  File "<stdin>", line 1, in <module>
IndexError: pop index out of range
```

类似地，使用列表对象的 remove(item)方法删除列表中首次出现的指定元素 item，如果列表中不存在该元素，则会产生异常。需要注意的是，pop()方法和 remove()方法都修改了原列表，但 pop()方法有返回值，而 remove()方法没有返回值。示例如下：

```
>>> x = [1, 2, 3, 1]
>>> x.remove(1)
>>> x
[2, 3, 1]
>>> x.remove(4)
Traceback (most recent call last):
  File "<stdin>", line 1, in <module>
ValueError: list.remove(x): x not in list
```

在调用 pop()方法和 remove()方法时会造成列表长度的收缩，由此带来的元素位置索引的变化有时会产生出乎意料的结果，如使用不当，可能带来难以察觉的错误。例如，使用“在循环内多次调用 remove()”这样的方法删除列表中所有的指定元素，其结果的正确与否与输入数据有关，当待删除的元素连续出现时，就会出现错误。示例如下：

```
>>> x = [1, 2, 1, 2, 1, 2]
>>> for i in x:
...     if i == 1:
...         x.remove(i)
...
>>> x
[2, 2, 2]
```

```
>>> x = [1, 2, 1, 2, 1, 1]
>>> for i in x:
...     if i == 1:
...         x.remove(i)
...
>>> x
[2, 2, 1]
```

上例右侧的列表中有两个连续的 1，当在 for 循环中反复调用列表的 remove()方法删除列表中的元素 1 时，列表的长度变短，剩余元素的索引值发生变化。而 for 循环通过对索引值逐步加 1 的方式遍历列表，由此原列表中倒数第二个 1 被 for 循环“跳过”并遗留在了结果中。建议读者通过设置断点的方式跟踪执行上述代码，以加深理解。

由此可见，在遍历列表的过程中同时改变列表的长度是有风险的。一种正确的做法是先生成一个原列表的“拷贝”，这是一个独立于原列表的新对象，然后在遍历该复制的对象的同时修改原列表。示例如下：

```
>>> x = [1, 2, 1, 2, 1, 1]
>>> for i in x[:]:
...     if i == 1:
...         x.remove(i)
...
>>> x
[2, 2]
```

更好的方法是使用列表推导式(详见 2.1.3 小节)，其效率更高，也更符合 Python 代码的风格。示例如下：

```
>>> x = [1, 2, 1, 2, 1, 1]
>>> [i for i in x if i != 1]
[2, 2]
```

列表的 clear()方法用于清空列表中的所有元素。原列表对象在调用 clear()方法之后仍存在，只是变成空列表。与 list.clear()等价的是语句 del list[:]，执行之后会将原列表变成一个空列表。这里的 del 是 Python 的一个关键字。del 语句还可以删除列表中指定位置上的元素，也可以直接删除列表对象。示例如下：

```
>>> x = list('python')
>>> x
['p', 'y', 't', 'h', 'o', 'n']
>>> x.clear()
>>> x
[]
>>> x = list((1, 2, 3))
>>> x
[1, 2, 3]
>>> del x[2]
>>> x
[1, 2]
>>> del x[:]
>>> x
[]
>>> del x
>>> x
Traceback (most recent call last):
  File "<stdin>", line 1, in <module>
NameError: name 'x' is not defined
```

上例中使用 Python 的内置函数 list()由一个输入序列构造出一个列表。形如(1, 2, 3)，以圆括号包裹的一组数是一个元组(有关元组的内容详见 2.2 节)。调用内置函数 list()而不提供参数将生成空列表，这与使用不包含任何内容的一对空方括号“[]”作用相同。示例如下：

```
>>> list(), []
([], [])
>>> type(list()), type([])
(<class 'list'>, <class 'list'>)
```

列表对象的 index(item)方法获取指定元素 item 首次出现的下标，若列表对象中不存在指定元素，则产生异常。示例如下：

```
>>> x = [1, 2, 3]
>>> x.index(1)
0
>>> x.index(4)
Traceback (most recent call last):
  File "<stdin>", line 1, in <module>
ValueError: 4 is not in list
```

列表对象的 count(item)方法统计指定元素 item 在列表对象中出现的次数。示例如下：

```
>>> x = [1, 2, 2]
>>> x.count(2)
2
>>> x.count(3)
0
```

列表对象的 sort()方法对列表元素进行原地排序。所谓原地排序，指的是排序后不产生新对象，而是直接更改原列表中元素的顺序。sort()方法默认以升序排序，可以使用关键字参数 reverse=True 令其以降序排序。还可以使用关键字参数 key 指定带有一个参数的函数，用于从每个列表元素中提取比较键(例如，key=str.lower)，对应于列表中每一项的键会被计算一次，然后在整个排序过程中使用。示例如下：

```
>>> x = ['abc', 'ABD', 'aBe']
>>> x.sort()
>>> x
['ABD', 'aBe', 'abc']
>>> x = ['abc', 'ABD', 'aBe']
>>> x.sort(key=str.lower)
>>> x
['abc', 'ABD', 'aBe']
>>> x = ['abc', 'ABD', 'aBe']
>>> x.sort(key=str.lower, reverse=True)
>>> x
['aBe', 'ABD', 'abc']
```

内置函数 sorted()同样可以用于排序。与列表对象的 sort()方法进行原地排序不同，内置函数 sorted()不改变原列表，而将排序结果以一个新的列表对象的形式返回。例如：

```
>>> x = [3, 1, 4, 2]
>>> y = x.sort()
>>> x
[1, 2, 3, 4]
>>> print(y)
None
>>> x = [3, 1, 4, 2]
>>> y = sorted(x)
>>> x
[3, 1, 4, 2]
>>> y
[1, 2, 3, 4]
```

上例为了演示，特意用变量 y 接收列表对象的 sort()方法的返回值。如前文所述，sort()方法对列表进行原地修改，并没有返回值(准确地说，它返回了空对象 None)，因此需要在交互环境中使用 print(y)显示 None。在实践中不可使用变量接收 sort()方法并不存在的返回值。对于内置函数 sorted()，需注意其没有修改原列表，排序结果必须由另一个变量接收。

与此类似的还有列表对象的 reverse()方法和内置函数 reversed()。reverse()方法将列表元素原地逆序排序，内置函数 reversed()对列表元素进行逆序排序并返回一个可迭代对象，有关可迭代对象的内容详见第 6 章。这里使用内置函数 list()由可迭代对象构造出一个列表，用于一次性显示可迭代对象中的所有元素，如下：

```
>>> x = [3, 1, 4, 2]
>>> x.reverse()
>>> x
[2, 4, 1, 3]
>>> x = [3, 1, 4, 2]
>>> y = reversed(x)
>>> y
<list_reverseiterator object at 0x000001D769EABD60>
>>> list(y)
[2, 4, 1, 3]
```

2.1.3　列表推导式

列表推导式(list comprehension)是 Python 的一种独特语法，用于根据给定的规则由一个序列构造出一个新的列表，其具有语法简洁明了、代码可读性强、运行效率高等优点。

列表推导式由一对方括号界定，内部从左至右依次是一个表达式、一个 for 语句以及零个或多个 for 或 if 语句。执行列表推导式会产生一个新列表，新列表中的元素是将列表推导式中的规则作用在序列上的结果。例如，为了将 0～9 共 10 个数分别进行平方运算并将结果存储在一个列表中，可使用如下列表推导式：

```
>>> x = [i**2 for i in range(10)]
>>> x
[0, 1, 4, 9, 16, 25, 36, 49, 64, 81]
```

上述列表推导式与如下的 for 循环语句等价：

```
>>> x = []
>>> for i in range(10):
...         x.append(i**2)
...
>>> x
[0, 1, 4, 9, 16, 25, 36, 49, 64, 81]
```

实际上，对于任意列表推导式，总可以将其改写成具有相同功能的 for 循环语句。但是，列表推导式的执行效率要高于 for 循环，并且列表推导式更符合 Python 的编程风格。因此，在实践中应当尽可能多地使用列表推导式。

列表推导式还可以包含多个 for 循环和 if 条件判断语句，以完成复杂的操作。如下的列表推导式将两个列表中不相等的元素组合起来构成新列表：

```
>>> [(i, j) for i in [1, 2, 3] for j in [3, 1, 4] if i != j]
[(1, 3), (1, 4), (2, 3), (2, 1), (2, 4), (3, 1), (3, 4)]
```

2.2 元　　组

2.2.1 元组的基本操作

元组(tuple)是任意对象组成的序列，其内部元素按插入的先后顺序从左至右排列，这一点与列表相同。但与列表不同的是，元组不支持原地修改，即元组一经创建，其中的元素用任何方式都无法改变，这意味着其长度也是固定的，不能增加或缩短。

要定义元组，可以将其元素放在一对圆括号内，元素间用逗号分隔。当单独定义元组时，左右圆括号并非必需，但习惯上会加上，以增加可读性；当元组作为参数用于其他表达式中时，圆括号不能省略；当元组只含一个元素时，该元素后的逗号必不可少。如要定义空元组，可以使用不包含任何内容的一对空圆括号“()”或内置函数 tuple()。示例如下：

```
>>> x = (1, 2, 3)
>>> x
(1, 2, 3)
>>> x = 1, 2, 3
>>> x
(1, 2, 3)
>>> x = (1,)
>>> x
(1,)
>>> x = 1,
>>> x
(1,)
>>> x = ()
>>> x
()
>>> x = tuple()
>>> x
```

```
()
>>> x = (1, 2, 3, (4, 5), ['spam', 'ham', 'eggs'])
>>> x
(1, 2, 3, (4, 5), ['spam', 'ham', 'eggs'])
```

元组支持下标索引和切片操作，可以使用下标索引或切片操作访问元组中的元素，但无法改变其值，这是由于元组中的数据一经定义就不能更改。也正因为如此，元组没有append()、extend()和 insert()等方法，无法向元组中添加元素；也没有 remove()、pop()和 clear()方法，不能从元组中删除元素，而只能使用 del 语句一次性删除整个元组对象。示例如下：

```
>>> x = (1, 2, 3)
>>> x[0]
1
>>> x[1:3]
(2, 3)
>>> x[0] = -1
Traceback (most recent call last):
  File "<stdin>", line 1, in <module>
TypeError: 'tuple' object does not support item assignment
>>> del x[0]
Traceback (most recent call last):
  File "<stdin>", line 1, in <module>
TypeError: 'tuple' object doesn't support item deletion
>>> del x
>>> x
Traceback (most recent call last):
  File "<stdin>", line 1, in <module>
NameError: name 'x' is not defined
```

元组对象仍有 count()和 index()方法，它们的作用与列表中的相同，调用后不会修改元组对象。示例如下：

```
>>> x = (1, 2, 2, 2)
>>> x.count(2)
3
>>> x.index(2)
1
```

元组对象没有 sort()和 reverse()方法。但需要注意的是，内置函数 sorted()和 reversed()同样可以接收元组作为输入并将结果作为新对象返回。实际上，内置函数 sorted()和

reversed()要求输入的第一个参数是一个序列对象，而列表、元组以及字符串等都属于序列对象，因此 sorted()和 reversed()对它们都适用。示例如下：

```
>>> x = (3, 1, 4, 2)
>>> y = sorted(x)
>>> y
[1, 2, 3, 4]
>>> x
(3, 1, 4, 2)
>>> z = reversed(x)
>>> z
<reversed object at 0x000002473C3D54C0>
>>> tuple(z)
(2, 4, 1, 3)
```

直观上看，元组与列表类似，只增加了“可读不可写”的限制。一个自然而然的问题是，既然有了列表，为什么还需要元组？Python 的创造者罗苏姆在早期设计 Python 时将元组视为多个对象的简单关联，类似于 C 语言中的结构体。一种典型的用法是让元组包含异构元素，即各元素属于不同的数据类型，元素在元组中的位置隐含地体现了其类型。而列表作为类似于 C 语言数组的数据结构，通常包含多个同类型的元素，即其是同构的，元素的位置反映的是插入顺序。

以上只是罗苏姆在设计之初的考虑，列表和元组也从没有过只能存储同构或异构数据的限制。实际上，元组必不可少的原因还是在于元组是不可变的，这意味着元组一旦创建，就不能用新值替换它其中的任何元素。这种不可变性提供了一种完整性保障：如果一组元素不应被修改，那么使用元组进行存储就完全杜绝了其被修改的可能。此外，一些操作和表达式只接受元组。例如，只有不可变对象可以作为字典的键，因此只能使用元组而非列表。字符串格式化中的值替换也只能使用元组。示例如下：

```
>>> print('%d, %.4f, %s' % (1, 3.14159, 'spam'))
1, 3.1416, spam
```

2.2.2 可变对象与不可变对象

对象在被创建之后，其值仍能被改变，这样的对象称为可变的(mutable)；反之，不能改变其值的对象称为不可变的(immutable)。Python 中的可变对象有列表、字典、集合，不可变对象有元组、字符串、整数、浮点数、布尔型等。

列表、元组、字典、集合、字符串等都属于复合数据类型，可以将其理解成用于装载其他对象的容器。如果一个列表包含一个元组作为它的元素，那么虽然元组是不可变的，但顶层容器即列表仍是可变的。同理，不可变的元组也可以包含可变的列表，该元组容器仍然被认为是不可变的。由此可见，要判断复合数据类型的对象是否可变，只需依据其顶层容器的可变性即可。示例如下：

```
>>> x = (1, 2, 3, (4, 5), ['spam', 'ham', 'eggs'])
>>> x[4][2] = None
>>> x
(1, 2, 3, (4, 5), ['spam', 'ham', None])
>>> x[4] = None
Traceback (most recent call last):
  File "<stdin>", line 1, in <module>
TypeError: 'tuple' object does not support item assignment
```

对于整型、浮点型、布尔型等基本数据类型而言，将其归为不可变对象在初学者看来也许有违常理，毕竟创建一个整型变量后再更改其值是很常见的操作。实际上，这里的关键是要区分 Python 中的变量(variable)和对象(object)。对于 a = 1 这样的语句，1 是整型对象，而 a 是变量。Python 在执行语句 a = 1 时会先在内存中生成对象 1，再用变量 a 引用对象 1，这在用户看来就是将整数 1 赋给了变量 a。而当使用 a = 2 再次赋值时，Python 不会改变对象 1 的值，而是在内存中另外开辟空间用以生成新的对象 2，然后用变量 a 引用新的对象 2。在此过程中，整型对象 1 保持不变。示例如下：

```
>>> a = 1
>>> id(a)
140709257090720
>>> id(1)
140709257090720
>>> a = 2
>>> id(a)
140709257090752
>>> id(2)
140709257090752
```

上例中使用了内置函数 id()，其接收一个对象作为参数，返回作为该对象唯一标识的一串数字，这串数字对应该对象在内存中的地址。可见，对变量 a 第二次赋值后，其引用的对象的地址发生了变化，这就证明整型对象一经创建，其值不能改变，因此整型对象是不可变的。

2.3 字　典

2.3.1 字典的基本操作

字典(dict)是键值对的可变集合。与用整数下标作为索引的列表不同，字典以键为索引，键可以是任意不可变类型，通常是数字或字符串。如果一个元组只包含字符串、数字或其他元组，那么该元组也可以用作键；但如果元组直接或间接地包含可变对象，那么它就不能用作键。

定义字典时，每个项目(item)的键(key)和值(value)都要用冒号分隔，形如 key: value(注意，好的书写习惯是冒号之前无空格，冒号之后加一个空格)；项目之间用逗号分隔，所有的项目放在一对大括号“{}”中。字典中的键不允许重复。如要创建空字典，可以使用不包含任何内容的一对空大括号“{}”或调用内置函数 dict()。示例如下：

```
>>> d = {'spam': 1, 'ham': 2, 'eggs': 3}
>>> d
{'spam': 1, 'ham': 2, 'eggs': 3}
>>> d = {1: 100, (2,): 200, 3.14: 300}
>>> d
{1: 100, (2,): 200, 3.14: 300}
>>> d = {'food': {'spam': 1, 'ham': 2, 'eggs': 3}}
>>> d
{'food': {'spam': 1, 'ham': 2, 'eggs': 3}}
>>> d = dict()
>>> d
{}
```

内置函数 dict()提供了多种创建字典对象的方法。例如，可以将作为键的字符串以函数关键值参数的形式传入。但是，对于不是字符串的键，不能这样做。示例如下：

```
>>> d = dict(spam=1, ham=2, eggs=3)
>>> d
{'spam': 1, 'ham': 2, 'eggs': 3}
>>> d = dict(1='spam', 2='ham', 3='eggs')
  File "<stdin>", line 1
SyntaxError: expression cannot contain assignment, perhaps you meant "=="?
```

可以将键和值配对，将其存储成序列，再将序列作为参数传给内置函数 dict()。这种方法还常与内置函数 zip()配合，以 dict(zip(key_list, value_list))的形式使用，用于根据键的列表和值的列表创建字典对象(键列表和值列表中的元素需要一一对应)，这提供了一种在程序运行中动态地创建字典的方法。示例如下：

```
>>> d = dict([['spam', 1], ['ham', 2], ['eggs', 3]])
>>> d
{'spam': 1, 'ham': 2, 'eggs': 3}
>>> keys = ['spam', 'ham', 'eggs']
>>> values = [1, 2, 3]
```

```
>>> d = dict(zip(keys, values))
>>> d
{'spam': 1, 'ham': 2, 'eggs': 3}
```

还可以使用字典的 dict.fromkeys()方法根据给定的键的序列生成字典对象，所生成字典的所有值均为 None，该方法一般用于初始化字典。通过传入第二个参数，可以指定所生成字典的默认值。示例如下：

```
>>> d = dict.fromkeys(['spam', 'ham', 'eggs'])
>>> d
{'spam': None, 'ham': None, 'eggs': None}
>>> d = dict.fromkeys(['spam', 'ham', 'eggs'], 1)
>>> d
{'spam': 1, 'ham': 1, 'eggs': 1}
```

要访问字典中的项目，可以将键放入一对方括号中作为索引，以返回字典中相应的值，若键不存在则产生异常。示例如下：

```
>>> d = {'spam': 1, 'ham': 2, 'eggs': 3}
>>> d['ham']
2
>>> d['apple']
Traceback (most recent call last):
  File "<stdin>", line 1, in <module>
KeyError: 'apple'
```

还可以通过指定键的方式为字典赋值，若键存在，则会修改该键对应的值；若键不存在，则向字典中添加一个新的键值对。示例如下：

```
>>> d = {'spam': 1, 'ham': 2, 'eggs': 3}
>>> d['spam'] = 100
>>> d
{'spam': 100, 'ham': 2, 'eggs': 3}
>>> d['apple'] = 4
>>> d
{'spam': 100, 'ham': 2, 'eggs': 3, 'apple': 4}
```

为了判断一个项目是否在字典中，可使用 Python 的成员关系运算符 in。值得注意的是，只应该对字典的键进行判断，因为键是字典中项目的独一无二的标识。示例如下：

```
>>> d = {'spam': 1, 'ham': 2, 'eggs': 3}
>>> 'spam' in d
```

```
True
>>> 1 in d
False
```

使用 del 命令配合键索引删除字典中指定的键值对，或 del 加字典名删除整个字典对象。示例如下：

```
>>> d = {'spam': 1, 'ham': 2, 'eggs': 3}
>>> del d['ham']
>>> d
{'spam': 1, 'eggs': 3}
>>> del d
>>> d
Traceback (most recent call last):
  File "<stdin>", line 1, in <module>
NameError: name 'd' is not defined
```

2.3.2　字典的常用方法

与同属于可变对象的列表相似，字典也有对内部项目进行查找、修改等的方法。表 2-2 列出了字典对象的常用方法。在使用这些方法时，同样需要注意其是对字典进行原地修改还是有返回值。

表 2-2　字典对象的常用方法

方　法	说　明
dict.get(key[, default])	返回指定键对应的值
dict.setdefault(key[, default])	返回指定键对应的值。如果该键不存在，则插入具有指定值的键
dict.update()	使用指定的键值对对字典进行更新
dict.pop(key[, default])	删除拥有指定键的项目
dict.popitem()	删除最后插入的键值对
dict.clear()	删除字典中的所有项目
dict.keys()	返回包含字典键的字典视图
dict.values()	返回字典中所有值的字典视图
dict.items()	返回包含每个键值对的元组的字典视图
dict.copy()	返回字典对象的浅拷贝

2.3.1 小节提到了使用键作为索引访问字典中对应的值，当键不存在时会产生 KeyError 异常，这在默认情况下会中断程序的执行。在实践中，一种更为安全的读取字典值的方法是使用字典的 get(key[, default])方法。该方法获取指定键对应的值，并且可以在键不存在时返回指定值。这个起备用作用的返回值可以由用户提前设定，如不设定，则默认返回 None。示例如下：

```
>>> d = {'spam': 1, 'ham': 2, 'eggs': 3}
>>> d.get('ham')
2
>>> value = d.get('apple')
>>> print(value)
None
>>> value = d.get('apple', 4)
>>> print(value)
4
```

类似地，字典的 setdefault(key[, default])方法返回指定键对应的值，如果该键不存在，则向字典插入键 key 和值 default，并返回所插入的值 default。值 default 作为可选参数，用户不提供时默认为 None。示例如下：

```
>>> d = {'spam': 1, 'ham': 2, 'eggs': 3}
>>> d.setdefault('spam')
1
>>> d
{'spam': 1, 'ham': 2, 'eggs': 3}
>>> value = d.setdefault('apple')
>>> print(value)
None
>>> d
{'spam': 1, 'ham': 2, 'eggs': 3, 'apple': None}
>>> value = d.setdefault('berry', 5)
>>> value
5
>>> d
{'spam': 1, 'ham': 2, 'eggs': 3, 'apple': None, 'berry': 5}
```

字典对象的 update()方法使用以参数形式传入的键值对更新原字典，其对原字典进行原地修改，没有返回值。update()方法接收的参数可以是另一个字典对象，也可以是一个序列，该序列的每一个元素都必须是由键值对构成的长度为 2 的序列。update()方法还可以接收关键字参数。示例如下：

```
>>> d = {'spam': 1, 'ham': 2, 'eggs': 3}
>>> d.update({'spam': 100})
>>> d
{'spam': 100, 'ham': 2, 'eggs': 3}
>>> d.update((('apple', 4),))
>>> d
{'spam': 100, 'ham': 2, 'eggs': 3, 'apple': 4}
>>> d.update(berry=5)
>>> d
{'spam': 100, 'ham': 2, 'eggs': 3, 'apple': 4, 'berry': 5}
```

字典的 pop(key[, default])方法删除拥有指定键的项目。如果键 key 存在于字典中，则将其对应的项目删除并返回相应的值；如果键 key 不在字典中，则会引发 KeyError 异常；如果键 key 不在字典中，但用户为可选参数 default 指定了值，就会返回这个以参数形式指定的 default 的值。示例如下：

```
>>> d = {'spam': 1, 'ham': 2, 'eggs': 3}
>>> d.pop('spam')
1
>>> d
{'ham': 2, 'eggs': 3}
>>> d.pop('apple', 4)
4
>>> d
{'ham': 2, 'eggs': 3}
>>> d.pop('berry')
Traceback (most recent call last):
  File "<stdin>", line 1, in <module>
KeyError: 'berry'
```

字典的 popitem()方法从字典中移除并返回一个键值对。值得注意的是，在 Python 3.7 之前，popitem()会返回一个任意的键值对；而在 Python 3.7 版本及之后，popitem()会按后进先出的顺序返回键值对。示例如下：

```
>>> d = {'spam': 1, 'ham': 2, 'eggs': 3}
>>> d.popitem()
('eggs', 3)
>>> d
{'spam': 1, 'ham': 2}
>>> d.popitem()
```

```
('ham', 2)
>>> d
{'spam': 1}
>>> d.popitem()
('spam', 1)
>>> d
{}
```

字典的 clear()方法删除字典对象中所有的项目，使得原字典对象成为一个空字典。

```
>>> d = {'spam': 1, 'ham': 2, 'eggs': 3}
>>> d.clear()
>>> d
{}
```

字典的 keys()、values()以及 items()方法经常与 for 循环配合使用，分别用于遍历字典的键、值以及项目(键值对)。示例如下：

```
>>> d = {'spam': 1, 'ham': 2, 'eggs': 3}
>>>
>>> for key in d.keys():
...     print(key, end=' ')
...
spam ham eggs
>>>
>>> for value in d.values():
...     print(value, end=' ')
...
1 2 3
>>>
>>> for item in d.items():
...     print(item, end=' ')
...
('spam', 1) ('ham', 2) ('eggs', 3)
```

需要注意的是，字典的 keys()、values()以及 items()方法在 Python 2 中以列表形式返回结果，但在 Python 3 中其返回的不是列表，而是一个名为字典视图(dictionary view)的对象。示例如下：

```
>>> d = {'spam': 1, 'ham': 2, 'eggs': 3}
>>>
```

```
>>> d.keys()
dict_keys(['spam', 'ham', 'eggs'])
>>>
>>> d.values()
dict_values([1, 2, 3])
>>>
>>> d.items()
dict_items([('spam', 1), ('ham', 2), ('eggs', 3)])
```

字典视图存储着所对应字典对象的引用。在字典视图上进行迭代比在 Python 2 的列表上进行迭代效率更高。Python 2 中旧方法要遍历字典的存储结构以构建新列表，然后遍历该列表，这需要花费时间和内存；而 Python 3 中的字典视图为用户提供了一个迭代器(有关迭代器的内容详见第 6 章)，该迭代器直接遍历字典的存储结构，从而跳过了创建列表的步骤。

字典视图的一个特点是其能动态地反映原字典的变化。下例中首先由一个字典对象生成字典视图，然后更改原字典，这时会发现已生成的字典视图也发生了变化。

```
>>> d = {'spam': 1, 'ham': 2, 'eggs': 3}
>>>
>>> d.keys()
dict_keys(['spam', 'ham', 'eggs'])
>>> list(d.keys())
['spam', 'ham', 'eggs']
>>>
>>> del d['ham']
>>> d
{'spam': 1, 'eggs': 3}
>>>
>>> d.keys()
dict_keys(['spam', 'eggs'])
>>> list(d.keys())
['spam', 'eggs']
```

因为字典的键是唯一且可哈希的，所以键视图类似于集合。如果字典的值也是可哈希的，则键值对也是不重复且可哈希的，那么项目视图也类似于集合。但值视图与集合无关，因为其中可能包含重复的内容。与集合类似的视图可以参与集合运算。示例如下：

```
>>> d = {'spam': 1, 'ham': 2, 'eggs': 3}
>>> keys = d.keys()
>>> keys & {'spam', 'apple', 'berry'}
```

```
{'spam'}
>>> keys | {'spam', 'apple', 'berry'}
{'ham', 'apple', 'berry', 'spam', 'eggs'}
```

2.3.3 字典推导式

字典推导式(dictionary comprehension)的构造方式与列表推导式类似，不同之处在于字典推导式的前部需要以 key：value 的形式指定字典的键值对，并且整个表达式需要写在一对大括号“{}”中。执行字典推导式返回一个字典对象。示例如下：

```
>>> {i: i**2 for i in (2, 4, 6)}
{2: 4, 4: 16, 6: 36}
>>>
>>> d = {'SPAM': 1, 'HAM': 2, 'EGGS': 3}
>>> {key.lower(): value for key, value in d.items()}
{'spam': 1, 'ham': 2, 'eggs': 3}
>>>
>>> {i: 'even' if i%2 == 0 else 'odd' for i in range(10) if i > 4}
{5: 'odd', 6: 'even', 7: 'odd', 8: 'even', 9: 'odd'}
```

2.4 集　合

2.4.1 集合的基本操作

集合(set)是无序可变对象，使用一对大括号“{}”界定。集合中的元素是唯一的，不可重复，且只能是不可变对象，如数字、字符串、元组等；而列表、字典以及集合本身都是可变的，不能作为集合元素。示例如下：

```
>>> s = {1, 2, 3}
>>> s
{1, 2, 3}
>>> type(s)
<class 'set'>
>>> s = {1, 2, 2, 3, 3, 3}
>>> s
{1, 2, 3}
>>> {1, 3.14, 'spam', ('ham', 'eggs')}
```

```
{1, 3.14, 'spam', ('ham', 'eggs')}
>>> {1, 3.14, 'spam', ['ham', 'eggs']}
Traceback (most recent call last):
  File "<stdin>", line 1, in <module>
TypeError: unhashable type: 'list'
>>> {1, 3.14, 'spam', {'ham', 'eggs'}}
Traceback (most recent call last):
  File "<stdin>", line 1, in <module>
TypeError: unhashable type: 'set'
```

内置函数 set()接受列表、元组等可迭代对象作为参数并使用其元素构建集合，如果原来的对象中存在重复元素，则只会保留一个。需要注意的是，创建空集合只能使用不含参数的内置函数 set()，而不能使用一对空大括号“{}”，因为后者创建的是一个空字典。示例如下：

```
>>> s = set((1, 2, 2, 3, 3, 3))
>>> s
{1, 2, 3}
>>> s = set()
>>> s
set()
>>> type(s)
<class 'set'>
>>> s = {}
>>> s
{}
>>> type(s)
<class 'dict'>
```

集合中的元素是无序的，不能通过下标索引的方式访问集合元素，集合也不支持切片操作。最常见的操作是判断元素是否属于集合，此时可以使用 in 运算符。示例如下：

```
>>> 1 in {1, 2, 3}
True
>>> {1} in {1, 2, 3}
False
```

2.4.2　集合的常用方法

集合对象的常用方法如表 2-3 所示。

表 2-3　集合对象的常用方法

方　　法	说　　明
set.add(element)	向集合添加元素 element
set.remove(element)	从集合中移除元素 element，若元素 element 不在集合中，则引发 KeyError 异常
set.discard(element)	从集合中移除元素 element，若元素 element 不在集合中，也不会引发异常
set.pop()	从集合中移除并返回任意一个元素，若集合为空，则引发 KeyError 异常
set.clear()	从集合中移除所有元素
set.update(*others)	向原集合中加入另一个或多个对象 others 中的元素
set.intersection(*others)	交集运算
set.union(*others)	并集运算
set.difference(*others)	差集运算
set.symmetric_difference(other)	对称差集运算
set.issubset(other)	子集测试
set.issuperset(other)	超集测试
set.copy()	返回集合对象的浅拷贝

集合对象的 add(element)方法用来添加一个新元素，element 元素须为不可变数据类型。如果所添加的元素已经在集合中，那么 add()方法将不会生效。示例如下：

```
>>> s = {'spam', 'eggs'}
>>> s.add('ham')
>>> s
{'spam', 'eggs', 'ham'}
>>> s.add('ham')
>>> s
{'spam', 'eggs', 'ham'}
```

集合对象的 remove(element)方法用来从集合中移除元素 element，如果 element 不存在于集合中，则会引发 KeyError 异常。示例如下：

```
>>> s = {'spam', 'ham', 'eggs'}
>>> s.remove('ham')
>>> s
{'spam', 'eggs'}
>>> s.remove('ham')
Traceback (most recent call last):
```

```
  File "<stdin>", line 1, in <module>
KeyError: 'ham'
```

集合对象的 discard(element)方法同样用来从集合中移除元素 element，但是与 remove()方法不同的是，即使元素 element 不存在于集合中也不会引发异常。示例如下：

```
>>> s = {'spam', 'ham', 'eggs'}
>>> s.discard('ham')
>>> s
{'spam', 'eggs'}
>>> s.discard('ham')
>>> s
{'spam', 'eggs'}
```

集合对象的 pop()方法是从集合中移除元素的另一种方法，与 remove()方法和 discard()方法不同的是，pop()方法不是指定移除某个特定元素，而是随机移除存在于集合中的任意一个元素。如果集合为空，则会引发 KeyError 异常。

Python 的 KeyError 异常是内置的异常类之一，由许多可用于具有键值对的对象的方法引发。在集合中，remove()方法和 pop()方法如果找不到要移除或是可以移除的元素，就会引发该异常。示例如下：

```
>>> s = {'spam', 'ham', 'eggs'}
>>> s.pop()
'spam'
>>> s.pop()
' eggs '
>>> s.pop()
'ham'
>>> s.pop()
Traceback (most recent call last):
  File "<stdin>", line 1, in <module>
KeyError: 'pop from an empty set'
```

实际上，集合对象的 pop()方法移除的元素也不是完全随机的。如果集合中的元素是一组较小的整数，它也可能按照某种特定顺序移除，如先删除较小的整数。一般而言，依据其底层实现细节，集合中的元素会依照其哈希值排序进行删除。示例如下：

```
>>> s = {1, 3, 2, 4}
>>> s.pop()
1
>>> s.pop()
```

```
2
>>> s.pop()
3
>>> s.pop()
4
```

集合对象的 clear()方法用来清空集合元素。示例如下：

```
>>> s = {'spam', 'ham', 'eggs'}
>>> s.clear()
>>> s
set()
```

集合对象的 update()方法将作为参数传入的可迭代对象中的元素加入原集合。示例如下：

```
>>> s = {'spam', 'ham', 'eggs'}
>>>s.update({'ham', 1})
>>>s
{1, 'spam', 'eggs', 'ham'}
>>>s.update((1, 2), [3, 4, 5], {'apple': 4})
>>>s
{1, 2, 3, 'spam', 4, 5, 'apple', 'eggs', 'ham'}
```

集合对象支持交集、并集、差集、对称差集等数学运算。

使用集合对象的 intersection(*others)方法(此处*others 表示可以有任意多个参数)或运算符“&”进行交集运算，交集运算后返回新的集合对象。集合 a 和集合 b 的交集由所有属于集合 a 且属于集合 b 的元素组成。示例如下：

```
>>> a = {1, 2, 3}
>>> b = {2, 3, 4}
>>> c = {3, 4, 5}
>>> a.intersection(b)
{2, 3}
>>> a.intersection(b, c)
{3}
>>> a & b & c
{3}
```

使用集合对象的 union(*others)方法或运算符“|”进行并集运算，并集运算后返回新的集合对象。集合 a 和集合 b 的并集由所有属于集合 a 或属于集合 b 的元素组成。示例如下：

```
>>> a = {1, 2, 3}
>>> b = {2, 3, 4}
>>> c = {3, 4, 5}
>>> a.union(b)
{1, 2, 3, 4}
>>> a.union(b, c)
{1, 2, 3, 4, 5}
>>> a | b | c
{1, 2, 3, 4, 5}
```

使用集合对象的 difference(*others)方法或运算符“-”进行差集运算，差集运算后返回新的集合对象。集合 a 和集合 b 的差集由所有只属于集合 a 而不属于集合 b 的元素组成。示例如下：

```
>>> a = {1, 2, 3}
>>> b = {2, 3, 4}
>>> c = {3, 4, 5}
>>> a.difference(b)
{1}
>>> a.difference(b, c)
{1}
>>> a - b - c
{1}
```

使用集合对象的 symmetric_difference(other)方法(此处 other 表示只能有一个参数)或运算符“^”进行对称差集运算，对称差集运算后返回新的集合对象。集合 a 和集合 b 的对称差集由属于集合 a 或集合 b，但不属于 a 与 b 的交集的元素组成。示例如下：

```
>>> a = {1, 2, 3}
>>> b = {2, 3, 4}
>>> a.symmetric_difference(b)
{1, 4}
>>> a ^ b
{1, 4}
```

除以上四种运算之外，集合对象还有判断子集或超集的运算。集合对象的 set.issubset(other)方法用来判断 set 是否为 other 的子集，即集合 set 的每个元素是否都在 other 之中，其等价于“<=”运算符；集合对象的 set.issuperset(other)方法用来判断 set 是否为 other 的超集，即集合 other 的每个元素是否都在 set 之中，其等价于“>=”运算符。集合对象的 set.issubset(other)方法和 set.issuperset(other)方法无法进行真子集(set <= other and set != other)或真超集(set >= other and set != other)运算，可以借助运算符“<”和“>”实现。示例如下：

```
>>> a = {1, 2, 3}
>>> b = {1, 2, 3, 4}
>>> c = {1, 2, 3}
>>>
>>> a.issubset(b), a <= b, a < b
(True, True, True)
>>> a.issubset(c), a <= c, a < c
(True, True, False)
>>>
>>> b.issuperset(a), b >= a, b > a
(True, True, True)
>>> a.issuperset(c), a >= c, a > c
(True, True, False)
```

2.4.3　集合推导式

集合推导式(set comprehension)的构建方式与列表推导式类似，区别在于集合推导式使用一对大括号“{ }”作为界定符。集合推导式返回的是集合对象。示例如下：

```
>>> {i**2 for i in [1, 1, 2]}
{1, 4}
>>> {s for s in 'abeacadabea' if s not in 'abc'}
{'d', 'e'}
```

2.4.4　不可变集合

Python 实际上有两种内置的集合类型，即 set 和 frozenset。以上小节介绍的 set 对象是可变的，其在创建后仍可以通过 add()和 remove()等方法来增删元素。由于是可变类型，因此 set 对象没有哈希值，且不能被用作字典的键或其他集合的元素。与之相对应，frozenset 类型的对象是不可变的且可哈希的(如果一个对象有哈希值且哈希值在其生命周期内不会改变，则该对象是可哈希的)，其一经创建就不能再改变，故 frozenset 对象可以被用作字典的键或其他集合的元素。

使用内置函数 frozenset()由传入的可迭代对象构建不可变集合 frozenset。如果要构建一个由集合对象构成的集合，则所有的内层集合必须为 frozenset 对象。示例如下：

```
>>> s = frozenset({1, 2, 3})
>>> s
frozenset({1, 2, 3})
>>> type(s)
```

```
<class 'frozenset'>
>>> {1, 3.14, 'spam', frozenset(('ham', 'eggs'))}
{1, frozenset({'eggs', 'ham'}), 3.14, 'spam'}
```

2.5　深入理解动态类型

在编写 Python 程序时，我们不需要也不会声明所要使用的变量类型，但程序仍可以正常运行。当我们输入 a = 1 时，Python 如何知道 a 代表一个整数呢？

另外，我们还注意到，在 Python 中可以将整型数和字符串先后赋给同一个变量，这对于习惯使用强制类型转换的 C 语言用户有些意外，Python 又是如何运行如下这样的程序呢？

```
>>> a = 1
>>> a
1
>>> a = 'spam'
>>> a
'spam'
```

这一切都要归于 Python 采用的动态类型(dynamic typing)。Python 中的类型是在程序运行过程中自动确定的，而不是由程序员通过编写代码来声明的。实际上，Python 中“类型”这一概念并不属于变量(variable)，而是属于对象(object)，变量是通用的，它只是在某个时段内引用了特定的对象而已。

对于 a = 1 这样的赋值语句，a 是变量而 1 是对象。变量是一种标识符，命名时要遵循 Python 标识符命名规范，还要避免和 Python 内置函数和保留字重名。变量在第一次为其赋值时被创建，对已创建好的变量再次赋值不会创建新的同名变量，而只会使用已有的变量。

对象是 Python 中对数据的抽象。整数、浮点数、字符串、列表、函数和类都是对象。每个对象都有类型信息、值和一个标识它的独一无二的数字。一个对象被创建后，它的标识数字不会再改变。内置函数 id()接收一个对象，返回该对象的标识数字，可以将该数字视为对象在内存中的首地址。内置函数 type()则返回对象的类型名称。

```
>>> id(1)
1687157827888
>>> id('spam')
1687163367984
>>> type(1)
<class 'int'>
>>> type('spam')
<class 'str'>
```

在执行 a = 1 这样的赋值操作时，Python 自动做了如下三件事：① 创建一个对象，它的值为 1；② 创建一个变量 a(如果它还没有被创建)；③ 将变量 a 与对象 1 通过引用相连接，这里的引用关系由指针实现。由此可见，变量和对象保存在内存中的不同位置，经过 a = 1 这样的赋值操作，我们称变量 a 引用了对象 1(图 2-1)。

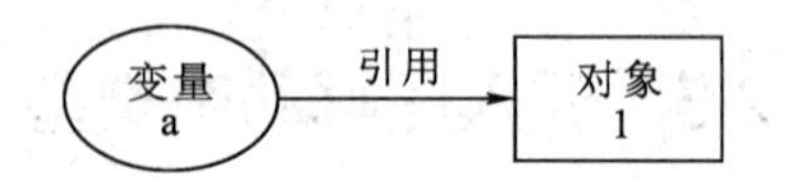

图 2-1　变量 a 引用了对象 1

由于变量没有类型，类型信息只存在于对象中，我们可以随意地将不同类型的对象赋给同一个变量，每一次新的赋值仅仅是让原先的变量引用了新的对象。上例中将整型数 1 和字符串'spam'先后赋给同一个变量 a，引用的变化如图 2-2 所示。

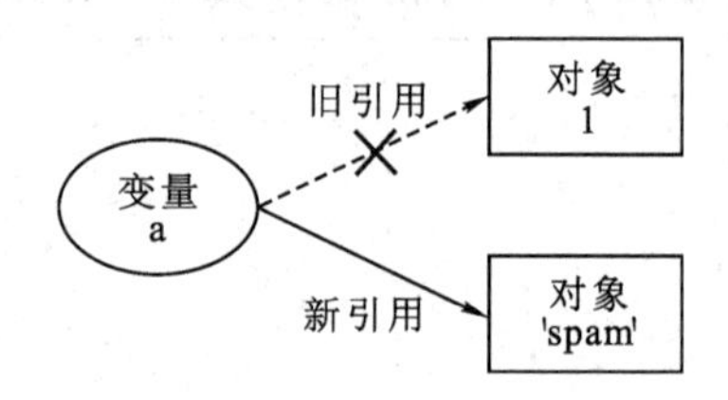

图 2-2　对原本引用整型数 1 的变量 a 赋新值 'spam'

一个对象可以被多个变量所引用。对象除了保存自己的类型信息外，还维护了一个引用计数器，用于记录其被引用的次数。Python 会自动回收引用计数器为 0 的那些对象所占的内存。

将一个变量赋给另一个变量，两个变量会引用同一个对象，这一点可以通过内置函数 id()加以验证。注意，下例中 id(a)与 id(b)的值相同，相关示意如图 2-3 所示。

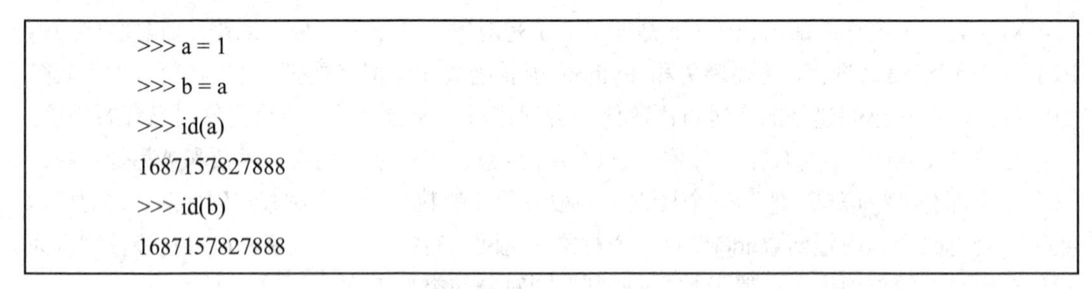

```
>>> a = 1
>>> b = a
>>> id(a)
1687157827888
>>> id(b)
1687157827888
```

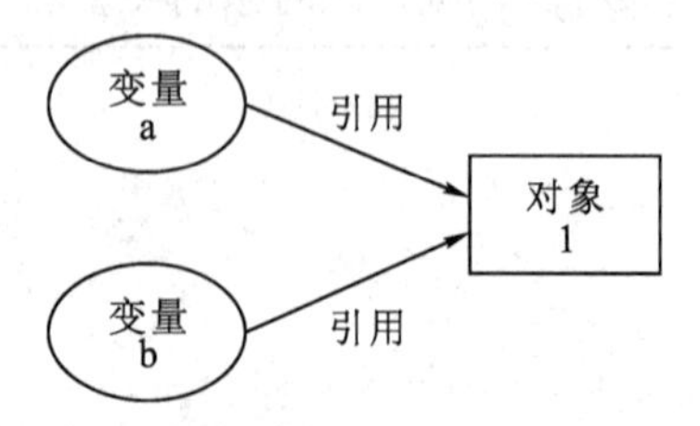

图 2-3　变量 a 和变量 b 引用了同一个对象 1

在两个变量共享一个对象引用的情况下，对其中一个变量赋新值，就会在内存中创建新的对象，再用被赋值的变量引用这个新对象，而另一个变量仍引用原对象。下例演示了这种情况，相关示意如图 2-4 所示。

```
>>> a = 1
>>> b = a
>>> id(a)
1687157827888
>>> id(b)
1687157827888
>>> a = 'spam'
>>> a
'spam'
>>> id(a)
1687163368048
>>> b
1
>>> id(b)
1687157827888
```

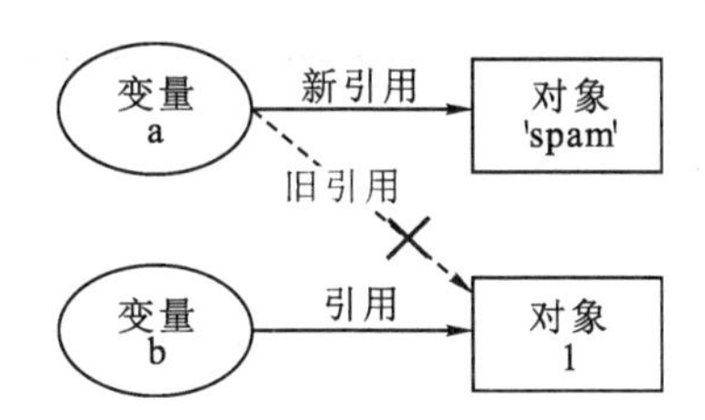

图 2-4　对变量 a 赋新值 'spam'

值得注意的是，像下例这样对原本引用整数对象 1 的变量 a 做加法赋值运算(a += 1，即 a = a + 1)，也会在内存中开辟新空间来生成新对象 2，再用变量 a 引用对象 2，而不是将原对象 1 的值更改为 2，相关示意如图 2-5 所示。实际上，整数作为不可变对象，一经创建就无法更改。因此，给一个引用整数的变量赋新值并不是替换了原始的对象，而是生成一个新对象，再让这个变量引用新对象。

```
>>> a = 1
>>> b = a
>>> id(a)
1687157827888
>>> id(b)
1687157827888
>>> a += 1
>>> a
2
>>> id(a)
```

```
1687157827920
>>> b
1
>>> id(b)
1687157827888
```

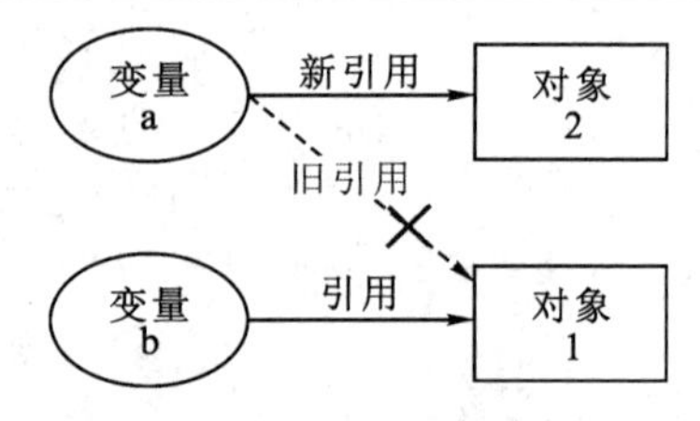

图 2-5　对变量 a 做加法赋值运算(a += 1)生成新对象

然而，对于像列表这样支持原地修改的可变对象，情况有所不同。如下例所示，变量 x 引用了一个包含整数 1、2、3 的列表对象，赋值语句 y = x 令变量 y 和变量 x 引用了相同的列表对象。接下来通过下标索引操作在原地修改了 x 所引用的列表对象的第一个元素，即 x[0] = 'spam'，这时观察变量 y，它也一起发生了变化。

```
>>> x = [1, 2, 3]
>>> y = x
>>> x[0] = 'spam'
>>> x
['spam', 2, 3]
>>> y
['spam', 2, 3]
```

使用列表对象的 append()方法也会产生类似的结果。

```
>>> x = [1, 2, 3]
>>> y = x
>>> x.append('ham')
>>> x
[1, 2, 3, 'ham']
>>> y
[1, 2, 3, 'ham']
```

当多个变量引用同一个列表对象时，通过一个变量对列表进行原地修改会影响到所有变量。究其原因，在于列表中存储的是一个个指向列表元素对象的引用，运行 x[0] = 'spam' 的结果就是在内存中生成了字符串对象 'spam'，再用该字符串对象的引用替换列表中第一位的整数 1 的引用，列表对象的首地址没有变化，仍被变量 x 和变量 y 共享引用。如下例所示，使用内置函数 id()输出列表对象的第一个元素在内存中的地址，注意观察其在原地修改操作前后的变化，有助于理解以上内容，相关示意如图 2-6 所示。

```
>>> x = [1, 2, 3]
>>> y = x
>>> id(x)
1687163332736
>>> id(y)
1687163332736
>>> id(x[0])
1687157827888
>>> id(y[0])
1687157827888
>>> x[0] = 'spam'
>>> x
['spam', 2, 3]
>>> y
['spam', 2, 3]
>>> id(x)
1687163332736
>>> id(y)
1687163332736
>>> id(x[0])
1687163367600
>>> id(y[0])
1687163367600
```

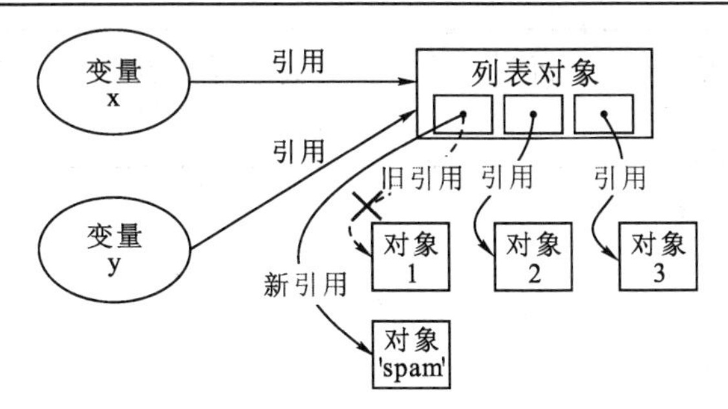

图 2-6　原地修改列表对象影响了所有引用该对象的变量

至此，可以对以上内容做如下总结：变量和对象有本质上的区别，对象会记录自己的类型信息；而变量是通用的，没有类型，一个变量在这一时刻引用了这个对象，在下一时刻可以转去引用另一个对象。当多个变量共同引用一个不可变对象时，对一个变量进行赋值操作不会影响其他变量；而多个变量共同引用一个可变对象时，通过一个变量对引用的对象进行原地修改，其结果会在所有变量上反映出来。如果不想这样，就要对原对象进行拷贝。

2.6　浅拷贝与深拷贝

正如 2.5 节所述，Python 中的赋值操作实际上是变量对对象的引用。当创建一个对象，然后把它赋给另一个变量时，Python 并没有在内存中复制该对象，而是将新变量指向了原对象，两个变量从而引用了同一个对象。

对于数字、字符串等不可变对象，修改一个变量的值实际上是在内存中开辟了新空间，生成了新对象，然后把原变量指向了新生成的对象，而引用原对象的另一个变量保持不变。示例如下：

```
>>> a = 1
>>> b = a
>>> id(a)
3137830283568
>>> id(b)
3137830283568
>>> a += 1
>>> a
2
>>> id(a)
3137830283600
>>> b
1
>>> id(b)
3137830283568
```

对于列表这样的可变对象，通过一个变量对其进行原地修改，结果会同时反映在另一个变量上。示例如下：

```
>>> x = [1, 2, 3]
>>> y = x
>>> id(x)
2011694066560
>>> id(y)
2011694066560
>>> id(x[0])
2011688429872
>>> id(y[0])
```

```
2011688429872
>>> x[0] = 'one'
>>> x
['one', 2, 3]
>>> y
['one', 2, 3]
>>> id(x)
2011694066560
>>> id(y)
2011694066560
>>> id(x[0])
2011694127344
>>> id(y[0])
2011694127344
```

如果不想让对一个变量的修改影响到另一个变量，就不能让两个变量引用同一个对象。为达此目的，可以使用拷贝操作，在内存中生成一个一模一样的新对象，再将另一个变量指向这个新对象。列表对象的切片操作可以这样做，它生成一个列表对象的拷贝。示例如下：

```
>>> x = [1, 2, 3]
>>> y = x[:]
>>> id(x)
2011694066496
>>> id(y)
2011694092992
>>> x[0] = 'one'
>>> x
['one', 2, 3]
>>> y
[1, 2, 3]
```

列表、字典、集合等对象都有名为 copy()的方法，调用该方法也有相同的效果。示例如下：

```
>>> x = [1, 2, 3]
>>> y = x.copy()
>>> id(x)
2011694066560
>>> id(y)
```

```
2011694092864
>>>
>>> x = {'spam': 1, 'ham': 2, 'eggs': 3}
>>> y = x.copy()
>>> id(x)
2011693713664
>>> id(y)
2011693713856
```

使用 Python 标准模块库中的 copy 模块的 copy()方法也可以实现对可变对象的拷贝。示例如下：

```
>>> import copy
>>> x = [1, 2, 3]
>>> y = copy.copy(x)
>>> id(x)
2011694092928
>>> id(y)
2011694148480
```

值得注意的是，当使用上述方法复制一个具有嵌套结构的复杂列表时，情况有些出乎意外。示例如下：

```
>>> import copy
>>> x = [1, [2, 3]]
>>> y = copy.copy(x)
>>> id(x)
2011694092928
>>> id(y)
2011694127360
>>> x[0] = 'one'
>>> x
['one', [2, 3]]
>>> y
[1, [2, 3]]
>>> x[1][0] = 'two'
>>> x
['one', ['two', 3]]
>>> y
```

```
[1, ['two', 3]]
>>> id(x[1])
2011694148480
>>> id(y[1])
2011694148480
```

从上例可以看出，通过拷贝操作生成了两个独立的列表对象，但修改第一个列表对象的第二个元素(它也是一个列表)影响到了第二个列表对象。实际上，以上操作仅复制了列表对象中的顶层元素，被嵌套的列表没有被复制，仍被两个变量共享。习惯上将这种“止于表层”的拷贝操作称为浅拷贝(shallow copy)。copy 模块中的 copy()函数、列表对象的切片操作及其 copy()方法进行的都是浅拷贝。

与浅拷贝相对应的是深拷贝(deep copy)，它会遍历并复制嵌套列表的每一层。要进行深拷贝，必须使用 copy 模块中的 deepcopy()函数。示例如下：

```
>>> import copy
>>> x = [1, [2, 3]]
>>> y = copy.deepcopy(x)
>>> id(x)
1863837878016
>>> id(y)
1863842556608
>>> id(x[1])
1863842596096
>>> id(y[1])
1863842556544
>>> x[1][0] = 'two'
>>> x
[1, ['two', 3]]
>>> y
[1, [2, 3]]
```

在大多数情况下，普通赋值操作进行的引用就是用户想要的。因为这可使用户在程序内任意传递大型对象而不必付出因复制带来的额外性能开销。但是，因为赋值操作会产生相同对象的多个引用，所以应清楚地意识到在原地修改可变对象时可能会影响程序中其他地方对相同对象的其他引用。

第3章　选择与循环

任何程序都可由顺序、选择和循环这三种基本结构组合而成。顺序结构固无可言者，本章因而讨论 Python 程序中的选择结构和循环结构，通过与 C 语言中选择结构和循环结构的语法进行对比，突出 Python 的独到之处。在选择结构方面，Python 使用 if 语句实现选择控制，还可以使用 if … elif 结构实现多分支控制。与 C 语言相比，Python 中没有 switch 语句，但可以通过 if … elif 实现类似 switch 语句的功能。在循环结构方面，Python 支持 for 循环和 while 循环。其中，while 循环一般用于循环次数难以提前确定的情况；for 循环的循环次数一般可以提前确定，尤其适用于遍历序列或可迭代对象中的元素。Python 中的 for 循环和 while 循环可携带 else 分句，当循环因为条件表达式不成立或序列遍历结束而自然结束时就会执行 else 分句中的内容。这种 else 分句并非必不可少，但使用它能够以更简洁的代码实现犹如 C 语言中“标志位”的功能。循环结构附带 else 子句更符合 Python 的编码风格，也是本章中应重点掌握的内容。

本章首先简要介绍 Python 中逻辑真与假的表达方法，以及以真或假为运算结果的条件表达式；然后着重介绍 Python 中的选择结构和循环结构。

3.1　Python 中的真与假

选择与循环的执行离不开对条件的判断，条件的判断离不开对真与假的界定。与其他编程语言一样，Python 使用整数 1 代表逻辑真，整数 0 代表逻辑假。更进一步地，Python 将一切非空对象视为真，将一切空对象视为假。实际上，真与假是 Python 中一切对象与生俱来的属性，一个对象不是真就是假，不是假就是真：对于数字类型的对象，一切不为零的数字为真，零为假；对于非数字类型的对象，一切非空对象为真，空对象为假。

使用整数 1 和 0 表示逻辑真假虽已够用，但为了增加代码的可读性，Python 2.3 加入了一个名为 bool 的布尔型数据类型，属于该类型的只有两个实例对象，分别是表示逻辑真的 True 和表示逻辑假的 False。布尔类型(bool)被设计成整数类型(int)的派生类(派生类是面向对象编程的概念，将在第 7 章介绍)，True 和 False 仅仅是特异化了输出形式的整数 1 和 0(它们被输出为英文单词 True 和 False，而非数字 1 和 0)。因此，布尔类型的 True 和 False 可以参与数学运算，其表现与整数 1 和 0 没有区别。示例如下：

```
>>> True + 1
2
>>> isinstance(True, bool)
```

```
True
>>> isinstance(True, int)
True
>>> True == 1
True
>>> True is 1
False
```

在实践中，没有人会用布尔类型的 True 和 False 做加法，大部分人也不必关心布尔类型在 Python 中的实现细节，而真正需要注意的是 Python 中一切对象非真即假的这一特性。例如，只要一个字符串有内容，其就是 True；与之相对的，空字符串就是 False。只要一个列表中有元素，其就是 True；而空列表就是 False。使用 Python 的内置函数 bool()可以判断一个对象的真假。示例如下：

```
>>> bool(1)
True
>>> bool('spam')
True
>>> bool(0.0)
False
>>> bool('')
False
>>> bool([])
False
>>> bool(None)
False
>>> bool([None])
True
>>> bool(range(0))
False
```

利用“对象非空即为 True”这一特性有助于编写简洁高效的 Python 代码。例如，首先判断字符串是否为空，只有在非空的前提下才对字符串进行处理，这是很常见的操作。可以使用选择语句“if s != '':”或“if len(s) > 0:”达到此目的，其中 s 是字符串，len()是返回序列长度的内置函数。但更符合 Python 风格的写法是“if s:”，这更易读也更高效。类似的例子还有很多，读者应摒弃 C 语言等带来的习惯思维，充分发挥 Python 的语法特点，写出真正的 Python 代码。

Python 还有一个特殊数据类型 None，它本身也是 Python 中的一个关键字，用于表示“不存在”。None 对应的逻辑值为假。示例如下：

```
>>> bool(None)
False
>>> bool([None])
True
```

3.2　条件表达式

Python 常用的运算符如表 3-1 所示，其中比较运算符、布尔运算符、成员运算符和同一性运算符与参与运算的对象一起构成条件表达式，条件表达式在执行后返回 True 或 False。

表 3-1　Python 常用的运算符

<table>
<tr><td rowspan="6">算术运算符</td><td>x + y</td><td>算术加，序列对象连接</td></tr>
<tr><td>x - y</td><td>算术减，集合对象求差</td></tr>
<tr><td>x * y</td><td>算术乘，序列对象成倍数复制</td></tr>
<tr><td>x / y、x // y</td><td>算术除、向下取整除</td></tr>
<tr><td>x % y</td><td>除法求余，字符串格式化</td></tr>
<tr><td>x ** y</td><td>指数运算</td></tr>
<tr><td rowspan="5">位运算符</td><td>~x</td><td>按位取反</td></tr>
<tr><td>x & y</td><td>按位与</td></tr>
<tr><td>x | y</td><td>按位或</td></tr>
<tr><td>x ^ y</td><td>按位异或</td></tr>
<tr><td>x << y、x >> y</td><td>左移位、右移位</td></tr>
<tr><td rowspan="4">比较运算符</td><td>x < y、x > y</td><td>小于、大于</td></tr>
<tr><td>x <= y、x >= y</td><td>小于等于、大于等于</td></tr>
<tr><td>x == y</td><td>等于</td></tr>
<tr><td>x != y</td><td>不等于</td></tr>
<tr><td rowspan="3">布尔运算符</td><td>x and y</td><td>逻辑与</td></tr>
<tr><td>x or y</td><td>逻辑或</td></tr>
<tr><td>not x</td><td>逻辑非</td></tr>
<tr><td rowspan="2">成员运算符</td><td>x in y</td><td>如果 x 在可迭代对象 y 中则返回 True，否则返回 False</td></tr>
<tr><td>x not in y</td><td>如果 x 不在可迭代对象 y 中则返回 True，否则返回 False</td></tr>
<tr><td rowspan="2">同一性运算符</td><td>x is y</td><td>判断 x 和 y 两个变量是否引用同一个对象</td></tr>
<tr><td>x is not y</td><td>判断 x 和 y 两个变量是否引用不同对象</td></tr>
</table>

3.2.1　比较运算符

表 3-1 中大部分的 Python 运算符与 C 语言中的相同，在此仅对 Python 的特殊之处加以说明。首先需要注意的是比较运算符的连用，形如 a < b < c 的表达式与 a < b and b < c 等价，其测试 b 是否大于 a 且小于 c，实际是对 b 进行了区间测试。可以连用任意个比较运算符，但这可能会降低代码的可读性，为了清楚起见，建议使用逻辑运算符 and 将多个比较运算相连接。示例如下：

```
>>> 1 < 2 < 3
True
>>> 1 < 2 and 2 < 3
True
>>> 1 < 2 > 3 < 4
False
>>> 1 < 2 and 2 > 3 and 3 < 4
False
```

需要注意的是，多个比较运算符的连用并不是将前一个比较运算的结果作为运算对象参与下一个比较运算。例如，1 > 2 < 3 的运算结果是 False，而第一个比较运算 1 > 2 的结果是 False，False < 3 的运算结果是 True。可见，多个比较运算符连用始终是将各个比较运算的结果进行逻辑与运算。

3.2.2　布尔运算符

布尔运算符 and、or 和 not 对应于逻辑与运算、或运算和非运算。表达式 x and y 首先对 x 求值，如果 x 为假则返回该值，否则对 y 求值并返回其结果值；而表达式 x or y 首先对 x 求值，如果 x 为真则返回该值，否则对 y 求值并返回其结果值。需要注意的是，and 和 or 并没有限制其运算的返回值必须是 True 或 False，而是会返回运算对象求值后的结果。考虑到 Python 中一切对象都有真或假的属性，便可以理解这里返回运算对象而非单纯的 True 或 False 的合理性。示例如下：

```
>>> True and False
False
>>> True or False
True
>>> [] and None
[]
>>> 0 or 'spam'
'spam'
```

对于非运算符 not，无论运算对象为何种类型，其都会返回布尔值 True 或 False。示例如下：

```
>>> not True
False
>>> not 0
True
>>> not []
True
>>> not 'spam'
False
```

布尔运算符 and 和 or 有短路求值的特点：只有当第一个运算对象的值无法确定逻辑运算的结果时才会对第二个运算对象进行求值，即由布尔运算符组成的条件表达式在执行过程中一旦可以确定最终结果便会终止执行。以与运算符 and 为例，对于表达式 statement1 and statement2，如果 statement1 的值为假，则无论 statement2 的值是什么，整个表达式的值都是假，此时 statement2 的值无论是什么都不影响整个表达式的值，因此将不会被执行。示例如下：

```
>>> 1 or True
1
>>> [] and {}
[]
>>> 1 and []
[]
```

在上例第一个 or 运算中，参与运算的两个对象(1 和 True)都为真，Python 由左至右执行到 1 时就会停止并将 1 返回，因为 1 所代表的真和任何对象进行逻辑或运算结果都是真；第二个 and 运算中，左边的对象是假(空列表)，假与任何对象进行逻辑与运算结果都是假，故无须再计算，当即返回；第三个 and 运算需执行到右侧的空列表时才能确定最终结果。

在设计条件表达式时，如果能够巧妙利用布尔运算符 and 和 or 的短路求值特性，则可以减少不必要的计算，提高程序的运行效率。

3.2.3　成员运算符

成员运算符 in 用于成员检测。如果 x 是 y 的成员，则表达式 x in y 的值为 True，否则为 False。Python 内置的字符串、列表、元组、集合以及字典都支持此运算。对于字典来说，in 检测其是否有指定的键。示例如下：

```
>>> 's' in 'spam'
True
>>> 1 in [1, 2, 3]
True
>>> 1 in set((1,))
True
>>> 'spam' in {'spam': 1, 'ham': 2, 'eggs': 3}
True
>>> 1 in {'spam': 1, 'ham': 2, 'eggs': 3}
False
```

3.2.4　同一性运算符

同一性运算符 is 用于检测两个变量名是否引用同一个对象，当且仅当 x 和 y 引用的是同一对象时，表达式 x is y 的值为 True；当变量 x 和变量 y 引用的是不同对象时，表达式 x is not y 的值为 True。示例如下：

```
>>> x = [1, (2, 'spam')]
>>> y = x
>>> x == y
True
>>> x is y
True
>>> x is not y
False
>>> id(x)
2324422857792
>>> id(y)
2324422857792
```

```
>>> x = [1, (2, 'spam')]
>>> y = [1, (2, 'spam')]
>>> x == y
True
>>> x is y
False
>>> x is not y
True
>>> id(x)
2324422857792
>>> id(y)
2324422857920
```

3.3　选择结构

选择结构通过判断条件表达式是否成立来控制程序的执行流程。与 C 语言一样，Python 的选择结构通过 if 语句实现。需要注意是，Python 使用缩进而非大括号来标识成块的代码，并且条件表达式之后的冒号必不可少。

最简单的选择结构只有一条 if 语句，在条件表达式 test 为真时才会执行，如下：

```
if test:
    statement
```

双分支选择结构在条件表达式 test 为真时执行 statement1，test 为假时执行 statement2，如下：

```
if test:
    statement1
else:
    statement2
```

多分支选择结构的判断条件不止一个，此时需要使用关键字 elif(注意，不是 C 语言中的 else if)，如下：

```
if test1:
    statement1
elif test2:
    statement2
elif test3:
    statement3
else:
    statement4
```

选择结构可以任意嵌套，在使用时要注意控制好不同级别代码块的缩进量，因为缩进量决定了代码块的从属关系，如下：

```
if test1:
    statement1
    if test2:
        statement2
elif test3:
    statement3
else:
    statement4
```

三元条件运算也很常见，如下：

```
x if condition else y
```

其首先对条件 condition 求值，如果 condition 为真，则 x 将被求值并返回求值的结果；如果 condition 为假，则对 y 求值并返回其值。注意，短路求值在此同样适用。

上述三元条件运算与下面的 if ... else 语句等价：

```
if condition:
    x
else:
    y
```

但是，三元条件运算中的 x 和 y 只能是表达式，不能是语句(例如，a = 1 就是一个赋值语句)。示例如下：

```
>>> 'good' if True else 'bad'
'good'
>>> 'bad' if False else 'ugly'
'ugly'
>>> s = 'good' if True else s = 'bad'
  File "<stdin>", line 1
SyntaxError: cannot assign to conditional expression
```

为了达到上例中赋值的效果，可以将三元条件运算的结果赋给变量，如下：

```
>>> s = 'good' if True else 'bad'
>>> s
'good'
```

实际上，根据条件对一个变量赋不同的值，这正是三元条件运算最常见的用法。其将原本四行的 if … else 语句压缩至一行，提高了代码的可读性。在实践中，只应对简单的条件赋值使用三元条件运算，如果代码逻辑复杂，还应使用普通的 if … else 语句。

C 语言可以使用 switch 语句实现多分支选择，但 Python 中没有 switch 语句。作为替代，在 Python 中可以使用 if ... elif ... else 实现 switch 语句的功能。例如，下例中根据成绩输出相应的等级，这在 C 语言中是 switch 语句的典型应用场景，但在 Python 中需要使用 if ... elif ... else 实现。需要注意的是，这种 if ... elif ... else 结构的上下文之间有一定的逻辑关系，相互之间不能随意调换位置。如果想要上下文之间可以自由调换位置，则需要把判断条件补充完全，如 elif 80 < score < 90，这样就可以任意地调换位置。

```
>>> score = 83
>>> if score > 90:
...     print('A')
... elif score > 80:
...     print('B')
... elif score > 60:
...     print('C')
... else:
```

```
...     print('D')
...
B
```

更进一步地，使用 Python 的字典可以很方便地定义从值到值或从值到函数的映射，利用这些映射可以实现类似 switch 语句的功能。示例如下：

```
>>> choice = 'eggs'
>>> print({'spam': 1,
...        'ham': 2,
...        'eggs': 3}[choice])
3
```

为了加上类似于 C 语言中 switch 语句 default 分支的功能，可以使用字典对象的 get() 方法，通过参数指定当键不存在时返回的默认值。示例如下：

```
>>> choice = 'bacon'
>>> print({'spam': 1,
...        'ham': 2,
...        'eggs': 3}.get(choice, 'Bad choice.'))
Bad choice.
```

上例中使用字典实现的多分支选择与下面的 if ... elif ... else 等价。可以看出，使用字典实现多分支选择的代码更加简洁。

```
>>> choice = 'bacon'
>>> if choice == 'spam':
...     print(1)
... elif choice == 'ham':
...     print(2)
... elif choice == 'eggs':
...     print(3)
... else:
...     print('Bad choice.')
...
Bad choice.
```

如果特定条件下要执行的操作比较复杂，无法作为字典的值，则可以将其放在一个函数中，再将函数对象作为字典的值来实现更为复杂的跳转动作。通常将这类函数写成函数名或者 lambda 表达式(lambda 表达式将在 5.3 节介绍)，通过增加括号的方式触发函数调用。

3.4　循 环 结 构

Python 中的循环结构有两种——while 循环和 for 循环。while 循环一般用于循环次数难以提前确定的情况；for 循环一般用于循环次数可以提前确定的情况，尤其适用于枚举序列或迭代对象中的元素。多个循环结构可以嵌套，实现更为复杂的逻辑。

3.4.1　while 循环

while 循环在条件表达式为真的情况下重复地执行所含的语句。最简单的 while 循环如下所示，其结构与 C 语言中的 while 循环没有区别：

```
while condition:
    statement
```

除此之外，Python 还提供一种与 C 语言相比较为特殊的语法，即 Python 中的 while 循环可以附带 else 语句块，结构如下：

```
while condition1:
    statement1
    if condition2:
        break
else:
    statement2
```

如果 while 循环因为条件表达式 condition1 不成立而正常结束(不是由于执行了循环体内部的 break 语句而提前结束)，则转而执行 else 分句中的内容；也就是说，如果循环是因为执行了 break 语句而提前结束，则不执行 else 分句中的内容。

例如，由于 while … else 结构中的 else 分句仅在 while 条件变为假时执行，而下例中 while 的初始条件为假，因此会直接执行 else 分句。

```
>>> i = 3
>>> while i < 3:
...     print(i)
...     i += 1
... else:
...     print('The else-clause is executed.')
...
The else-clause is executed.
```

下例中 while 的条件 i < 3 永远不会为假，因为在 while 代码块内部，当 i 值为 2 时会

触发 break 语句从而提前中断循环，所以 else 分句不会被执行。

```
>>> i = 0
>>> while i < 3:
...     print(i)
...     if i == 2:
...         break
...     i += 1
... else:
...     print('The else-clause is executed.')
...
0
1
2
```

再看下例，else 分句会在 while 条件表达式不成立而循环正常结束后被执行，变量 i 值在第三次循环后不再小于 3，i < 3 不再成立，因此接下来会执行 else 分句。

```
>>> i = 0
>>> while i < 3:
...     print(i)
...     i += 1
... else:
...     print('The else-clause is executed.')
...
0
1
2
The else-clause is executed.
```

以上演示了 Python 中 while … else 结构的执行流程。至此，一个自然而然的问题是，while 循环中的 else 分句有什么作用？应当说，while … else 所能做的事在没有 else 分句的情况下通过其他形式的语句一样可以实现，但 else 分句让用户得以捕捉循环的“另一条”出路，而不需要设定和检查标志位。例如，想要在列表中搜索某一值，并想在最后知道有没有搜索到，常用的方法是创建一个布尔型变量，作为在循环中记录搜索结果的标志位，循环结束后通过检查标志位来判断是否已经搜索到。而 while … else 结构提供了一种更为简洁的解决方案。例如：

```
>>> x = [1, 2, 3]
>>> found = False
>>>
```

```
>>> x = [1, 2, 3]
>>>
>>> while x:
```

```
>>> while x and not found:
...     if x [0] == 4:
...         print('Found it.')
...         found = True
...     else:
...         x = x [1:]
...
>>> if not found:
...     print('Not found.')
...
Not found.
```

```
...     if x [0] == 4:
...         print('Found it.')
...         break
...     else:
...         x = x [1:]
... else:
...     print('Not found.')
...
Not found.
```

最后需要说明的是，Python 没有 C 语言中的 do … while 循环，如果要让循环至少执行一次，可以使用类似下例的结构：

```
while True:
    statement
    if condition:
        break
```

3.4.2 break 和 continue 语句

break 和 continue 语句用于 while 和 for 循环，起到终止循环的作用。其常嵌套于 if 语句中，从而在特定条件下被触发执行。

break 语句让整个循环立即结束，程序继而执行与 while 循环平级(与关键字 while 缩进相同)的下一行代码。下例中的 while 循环可以持续地接收用户输入，而 break 语句用于在用户输入特定命令时终止循环。

```
>>> while True:
...     name = input('Enter the name: ')
...     if name == 'exit':
...         break
...     print('Hi', name)
...
Enter the name: Li Lei
Hi Li Lei
Enter the name: Han Meimei
Hi Han Meimei
Enter the name: exit
>>>
```

continue 语句只结束当前正在执行的循环轮次，即跳过 continue 之后的语句，直接回到循环的顶端，继续进行下一轮循环。下面的代码利用 continue 略过不能被 2 整除的数，从而输出小于 10 的偶数。

```
>>> i = 10
>>> while i:
...     i -= 1
...     if i % 2 != 0: continue
...     print(i, end=' ')
...
8 6 4 2 0 >>>
```

在编写循环相关的代码时，需要注意因对 continue 语句执行流程考虑不周全而产生的问题。例如，为了输出 10 以内的奇数，有下方左右两种写法，而左边代码是错误的，这是因为一旦执行 continue 语句，之后的 i += 1 将没有机会再被执行，使得循环永远无法结束。

```
i = 1
while i < 10:
    if i % 2 == 0:
        continue
    print(i)
    i += 1
```

```
i = 0
while i < 10:
    i += 1
    if i % 2 == 0:
        continue
    print(i)
```

3.4.3　for 循环

for 循环依次遍历序列对象或可迭代对象内的每一个元素，并对每一个元素执行循环体代码块内的语句。for 循环在首行定义一个变量，用于指代被遍历对象中的元素，之后是带缩进的语句块，如下：

```
for item in iterable:
    statement
```

在下例中，待遍历的列表对象中的元素被按从左到右的顺序依次赋给变量 x，循环体中的 print()函数每次输出 x 时，该 x 都代表列表中当前被迭代到的对象。

```
>>> for x in ['spam', 'ham', 'eggs']:
...     print(x, end=' ')
...
spam ham eggs >>>
```

for 循环一样可以用于元组、字典、集合、字符串等 Python 内置的数据类型。示例如下：

```
>>> sum = 0
>>> for x in (1, 2, 3):
...     sum = sum + x
...
>>> print(sum)
6
>>>
>>> for key in {'spam': 1, 'ham': 2, 'eggs': 3}:
...     print(key)
...
spam
ham
eggs
>>> for s in 'Python':
...     print(s, end=' ')
...
P y t h o n >>>
```

for 循环也可以携带 else 分句。与 while … else 一样，for … else 中的 else 分句只会在循环没有触发 break 而自然结束后才会被执行。

可以将 for 循环的完整结构归纳如下：

```
for item in iterable:
    statement1
    if test1: break
    if test2: continue
else:
    statement2
```

下面的代码用来计算小于 100 的最大素数(素数是只能被 1 或者自己整除的自然数)，请注意 break 语句和 else 分句的用法。

```
>>> for i in range(100, 1, -1):
...     for j in range(2, i):
...         if i % j == 0:
...             break
...     else:
...         print(i)
...         break
...
97
```

Python 的 for 循环可以直接获取序列中的元素。在实践中，应尽可能利用这一特性，而摒弃类似于 C 语言中先获得序列元素的下标，再通过下标索引的方式访问元素的做法。例如，下方左右两例都通过 for 循环实现了对列表中元素的遍历，但右侧的代码更简洁高效，也更符合 Python 的风格，是提倡的写法。

```
>>> s = 'spam'
>>> for i in range(len(s)):
...     print(s[i], end=' ')
...
s p a m >>>
```

```
>>> s = 'spam'
>>> for item in s:
...     print(item, end=' ')
...
s p a m >>>
```

需要注意的是，遍历序列元素下标的做法在 Python 中也绝非一无是处。如果想要在循环过程中修改原列表，上述在 for 循环中直接获取序列元素的方法就行不通，这时通过下标索引来修改原列表不失为一种可行的方法。示例如下：

```
>>> x = [1, 2, 3]
>>> for item in x:
...     item += 1
...
>>> x
[1, 2, 3]
```

```
>>> x = [1, 2, 3]
>>> for i in range(len(x)):
...     x[i] += 1
...
>>> x
[2, 3, 4]
```

但更好的方法还应是使用列表推导式，虽然其并没有对原列表进行修改，而是生成了新的列表对象。示例如下：

```
>>> x = [1, 2, 3]
>>> [item + 1 for item in x]
[2, 3, 4]
>>> x
[1, 2, 3]
```

第4章　Unicode与字符串

文本是人类语言书面化的表现形式。为了使在本质上只能处理二进制数据的计算机也能处理文本，首先需要对人类语言中的书写符号(如数字、字母、标点等)逐一编号，由此构成字符，多个字符按一定顺序排列组成字符串，用于表示文本信息。C 语言中的字符型数据、字符数组以及相应的 ASCII 编码就是这方面的典型例子。其中，ASCII 编码由美国在 20 世纪 60 年代制定，包含 128 个字符，只能处理英文文本。这在计算机被美国等发达国家垄断的早期是够用的，但随着计算机的飞速发展，处理其他语言的需求与日俱增，针对特定语言的编码方案层出不穷，随之而来的是兼容性等问题。直到 1990 年出现了 Unicode 这个囊括了世界上所有语言的字符集，将英语、汉语、埃塞俄比亚语乃至表情符号的编码统一至一个框架之下，极大地方便了不同语言信息的交流。

本章从简要回顾字符编码的发展历程开始，介绍 Unicode 字符集、编码和解码的概念，以及 UTF-8 这一最常使用的 Unicode 编码方案；而后通过辨析 Python 3 中字符串的两种类型(str 和 bytes)及相关操作，着重介绍 Python 3 对 Unicode 的支持；最后简要介绍 Python 中字符串的常用方法。

4.1　字符编码的发展历程

当今主流计算机本质上只能处理二进制数据。习惯上将二进制数的一位所包含的信息称为 1 比特(bit)，其值只有 0 或 1 两种可能。比特是计算机中记录信息的最小单位。进一步地，将 8 比特作为 1 个字节(byte)。字节是计算机内存中可寻址的最小单位，即一个字节是计算机内存支持的最小数据存取块的大小，无法单独存取小于一个字节的信息。

早期的计算机大多为美国研究机构研制，需要存储的只有英文文本。由于英文是拼音文字，最基本的书写单位只有 26 个字母，为了将英文文本输入计算机，只需对每个字母赋予一个独一无二的编号并规定该编号在计算机中如何表示即可。于是在 20 世纪 50 年代出现了多种编码方案，使得不同厂商的机器难以兼容。

直到 1963 年，美国国家标准学会发布了 ASCII。ASCII 标准的字符集有 128 个字符，包含大小写英文字母、阿拉伯数字、英式标点符号以及控制字符。ASCII 标准的编码方式是用一个字节表示一个字符。由于一个字节包含 8 位(8 比特)，而 8 位能够表示 256 个独立的状态，因此 ASCII 标准实际只用了 8 位中的 7 位来编码 128 个字符(编号从十进制的 0～127)，剩下的第 8 位被空置。

这里有必要对字符(character)、字符集(character set)和字符编码(character encoding)的概

念加以区分。字符是文本的最小组成单位，a、b、c 等是字符，制表符、回车符、换行符等也是字符；字符集是人为筛选的多个字符的集合，不同字符集包含的字符不尽相同；字符编码则是把字符集中的字符转化为计算机可存储的字节序列时所依照的标准。字符集只是规定了收录哪些字符，而对于每一个字符用多少字节表示等问题则是由字符编码决定的。有的字符集在发布时即规定了编码方式，如 ASCII 编码；有的字符集的编码方式不止一种。在下面的叙述中，常用“××编码”这样的称谓代指字符集，只在一些必要的地方对字符编码和字符集加以区分。

ASCII 编码可以满足英文(拉丁字母)的需求，但很快计算机推广到了西欧，法语等欧洲语言除使用拉丁字母外，还有如同 à、é、ï 等变体字母，ASCII 字符集中的 128 个字符显然不够用。其解决办法在当时看来很简单，将 ASCII 编码标准中闲置的第 8 位利用起来，这样就多了 128 个新编号(十进制的 128～255)，足够变体字母等使用。于是在 20 世纪 70 年代出现了扩展的 ASCII 编码(Extended ASCII，EASCII)，它将 ASCII 编码由 7 位扩充为 8 位，一共可编码 256 个字符。使用 EASCII 足以对任意一种西欧语言单独编码，但无法对所有的西欧语言统一编码(因为 256 个字符仍不够用)。此外，对如何利用 EASCII 中的 128～255 号码位，不同的厂商有不同的方案，产生了多种互不兼容的扩展编码。

汉语的书写符号的数量远远超出了一个字节所能编码的 256 个字符，因此只能通过增加编码时所用字节的方式扩充码位空间。我国于 1980 年颁布的《信息交换用汉字编码字符集 基本表》(GB 2312—1980)收录了 6763 个汉字，每个汉字用两个字节表示；同时代出现的其他东亚文字编码方案无一例外地使用两个或三个字节编码一个字符。

20 世纪 80 年代，各种编码方案涌现，但大多只适用于一种语言文字，各国各语言单独编码呈现出混乱局面。很多传统的编码方案都有一个共同的问题，即容许计算机处理双语环境(通常使用拉丁字母以及其本地语言)，但却无法同时支持多语言环境(可同时处理多种语言混合的情况)。随着软件国际化和互联网的发展，亟须一种兼容各种语言的编码方案，Unicode 标准应运而生。

4.2 Unicode 标准

Unicode 是一个国际通用的字符集及相应的编码标准，最初发布于 1991 年，现由非营利机构 Unicode 联盟[1]维护。Unicode 对世界上大部分文字系统进行了整理、编码，使得计算机可以用统一的方式处理和呈现各种语言的文字。Unicode 不断增修，每个新版本都有新的字符加入，截至 2020 年已收录了 143 859 个字符，其中超过 9 万个字符与汉字有关。理论上 Unicode 可以容纳多达 1 112 064 个字符，足以涵盖一切语言所用的一切符号。

字符是文本的最小组成部分，“a”“é”“中”“國”等都是字符。Unicode 为每个字符都分配了一个整数作为标识，该整数称为该字符的码位(code point)，码位的取值范围为 0～1 114 111(十六进制数 0x10FFFF)。一般在书面上使用“U+”后跟码位值的形式表示一

1　http://www.unicode.org

个 Unicode 字符，码位被写成 4～6 位十六进制数，当不足 4 位十六进制数时，前端补零。例如，字符“a”的码位为 0x61，故写作 U+0061；字符“中”的码位为 0x4E2D，故写作 U+4E2D。Unicode 将字符按不同语言分类整理，构成一张张记录了码位、字符及相关说明信息的表格，可以在线查阅[1]。

Unicode 标准只规定了字符和码位之间一一对应的关系，并不涉及字符该以怎样的视觉效果来呈现。字符在终端的显示样式由一组称为字形(glyph)的图形元素决定。大多数 Python 程序并不涉及字形，正确显示字形是 GUI(Graphical User Interface，图形用户界面)和字体渲染程序的工作。

以上介绍的 Unicode 标准可被视为一个字符集，其只赋予了集合中的每个字符以独一无二的数字编号(码位)，而没有规定如何存储这些码位。将码位转换成以字节为单位的二进制数据的过程称为编码，Unicode 标准在发布字符集的同时也提供了多种编码方法(encoding)。在介绍这些编码方法之前，让我们首先尝试着自己设计一种简单的编码方法，用以说明编码 Unicode 字符时需要注意的事项。

考虑到 Unicode 理论上码位的取值范围为 0～1 114 111，使用 1 或 2 字节进行编码明显不够，因此这里使用 4 字节，即将字符的 Unicode 码位以 4 字节(32 位)二进制数的形式表示出来，就是编码后的结果。使用这种方案，英文字母 a 的编码结果如图 4-1 所示。

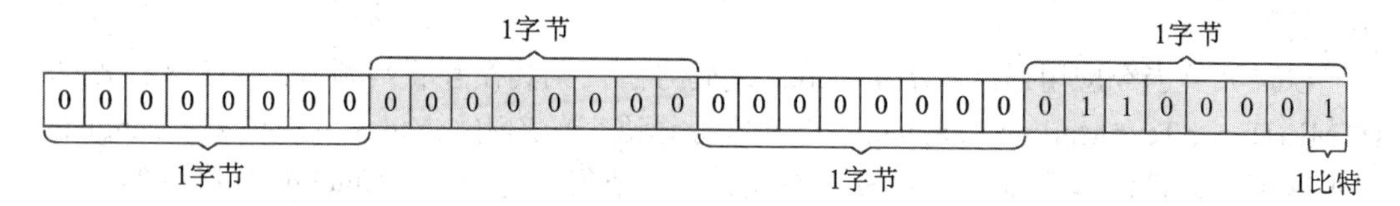

图 4-1　使用自己设计的编码方案对英文字母 a 的编码结果

这种采用 4 字节编码 Unicode 字符的方法并没有错，但如果要将编码后的结果用于文本存储和传输，则这种方法并不可行。其原因在于这种编码方法为码位较小的字符填充了很多零，浪费了存储空间。考虑到码位较小的字符都是常用字符(例如，英文字母、数字、标点符号等的 Unicode 码位与 ASCII 相同，都小于 128)，这种因填零占位而浪费空间的缺点难以接受。此外，如果使用 4 字节编码英文字符，现有的处理字符串的函数将返回错误的值(如 C 语言中的 strlen()函数)，很多含有英文控制字段的网络协议也将不能正常工作。

总之，为了适应 Unicode 庞大的码位而简单地使用 4 字节编码的方法并不可行。其相应的解决方案非常简单，即采用可变长度编码的思想，不要对所有字符都用固定长度的 4 字节编码：对于常用的字符，使用 1 或 2 字节编码，以节省空间；对于不常用的字符，使用 3 甚至 4 字节编码。此外，还要保证对码位小于 128 的字符编码后的结果要与已有的 ASCII 标准一致。

UTF-8 就是 Unicode 标准规定的一种可变长度编码方案。其中，UTF 是 Unicode Transformation Format 的缩写，8 指的是编码时的基本单位是 8 比特(1 字节)。UTF-8 使用 1～4 字节对 Unicode 字符集中的字符进行编码，具体规则如下(表 4-1)：

(1) 如果码位小于等于 127(十六进制 0x7f)，则由相应的单个字节值表示。

1　http://www.unicode.org/charts

(2) 如果码位在 128～2047(十六进制 0x80～0x7ff)，则将其转换为 128～255 的 2 字节。

(3) 如果码位大于等于 2048(十六进制 0x800)，则将其转换为 128～255 的 3 或 4 字节。

表 4-1　UTF-8 编码结果的区别

编 码 格 式	字 节 数
0xxxxxxx	1 字节
110xxxxx 10xxxxxx	2 字节
1110xxxx 10xxxxxx 10xxxxxx	3 字节
11110xxx 10xxxxxx 10xxxxxx 10xxxxxx	4 字节

UTF-8 完美地兼容了 ASCII 编码：Unicode 中前 128 个字符使用的是与 ASCII 完全相同的编码方式(使用一个字节中的 7 位，第 8 位始终为 0)。通过判断一个字节的第 8 位是否为 0，就可以区分出该字节是单独编码了一个码位小于 128 的字符，还是多个连续字节编码的一部分。汉字通常被编码成 3 字节，只有很生僻的字符才会被编码成 4 字节。

UTF-8 是当今应用最广泛的 Unicode 编码方法，尤其在互联网领域，UTF-8 已被作为 HTML(Hyper Text Markup Language，超文本标记语言)、XML(eXtensible Markup Language，可扩展标记语言)、电子邮件等的默认编码方式。值得一提的是，Unicode 标准中的编码方式不止 UTF-8 一种，常见的还有 UTF-16 和 UTF-32。UTF-16 使用 2 或 4 字节进行编码，而 UTF-32 使用固定的 4 字节编码，二者都不兼容 ASCII。UTF-16 和 UTF-32 主要用于在软件内部表示 Unicode 字符，如 Windows 操作系统内部使用 UTF-16，一般不用于文本的存储和传输。

至此，可以将计算机处理文本数据的基本流程总结如下：在计算机程序内部一律使用 Unicode 字符，当需要保存到外部存储设备或需要传输时，采用某种编码规则(如 UTF-8)将 Unicode 字符串转换成字节序列，该过程称为编码(encode)；当需要从外部设备读取二进制文件时，再根据编码时所用的编码规则将字节序列转换成 Unicode 字符串，该过程称为解码(decode)。字节序列和 Unicode 字符串通过编码和解码操作相互转换的过程如图 4-2 所示。

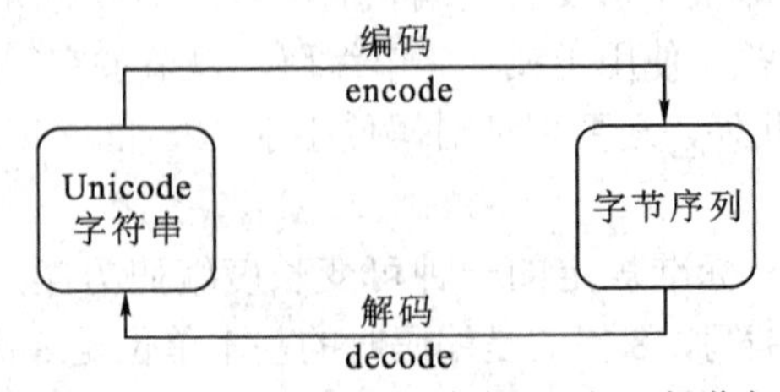

图 4-2　字节序列和 Unicode 字符串通过编码和解码操作相互转换的过程

Python 3 对编码和解码的支持是下面要讲述的重点，但在这之前，首先介绍 Python 3 提供的与字符串相关的数据类型。

4.3　Python 字符串相关类型

4.3.1　Unicode 字符串 str

Python 3 内置的 str 类型即是字符串，用于处理文本数据。str 对象是由 Unicode 字符(码位)构成的不可变序列，也称为 Unicode 字符串(Unicode string)。Python 没有类似 C 语言中的字符型(char)数据类型，要表示一个字符，就必须使用只含一个字符的字符串。可以使用单引号、双引号和三重引号来创建 str 对象。示例如下：

```
>>> s = 'Single quotes allow embedded "double quotes".'
>>> s
'Single quotes allow embedded "double quotes".'
>>> s = "Double quotes allow embedded 'single quotes'."
>>> s
"Double quotes allow embedded 'single quotes'."
>>> s = '''Triple quoted strings
... can span multiple lines.'''
>>> s
'Triple quoted strings\ncan span multiple lines.'
>>> type(s)
<class 'str'>
```

也可以使用内置函数 str()从其他对象创建字符串，这种方法在将数字转换成字符串时尤其有用。

```
>>> str(1)
'1'
>>> str(None)
'None'
>>> str(dict(spam=1, ham=2, eggs=3))
"{'spam': 1, 'ham': 2, 'eggs': 3}"
```

既然 str 是 Unicode 字符串，是一连串 Unicode 字符(码位)组成的序列，那么就可以通过输入 Unicode 码位的方式创建 str 对象。其具体的做法是：输入前缀“\x”后跟两位十六进制数的码位，或前缀“\u”后跟四位十六进制数的码位，或前缀“\U”后跟八位十六进制数的码位。下例创建了一个包含四个字符的 Unicode 字符串，这四个字符依次是“a”“¥”“€”“漢”，最后调用内置函数 ord()输出它们码位的十进制值。

```
>>> s = 'a\xa5\u20ac\U00006f22'
>>> [ord(c) for c in s]
[97, 165, 8364, 28450]
```

作为 ord()的逆操作，内置函数 chr()接收一个以十进制形式表示的 Unicode 码位作为参数，返回对应的 Unicode 字符，即一个 str 对象。该参数的取值范围是 0～1 114 111(十六进制 0x10FFFF)，如果超过该范围，会引发 ValueError 异常。示例如下：

```
>>> chr(0)
'\x00'
>>> chr(97)
'a'
>>> chr(27721)
'汉'
>>> chr(28450)
'漢'
>>> chr(65535)
'\uffff'
>>> chr(1114111)
'\U0010ffff'
>>> chr(1114112)
Traceback (most recent call last):
  File "<stdin>", line 1, in <module>
ValueError: chr() arg not in range(0x110000)
```

4.3.2　不可变字节序列 bytes

Python 3 的 bytes 类型表示不可变的字节序列。正如 4.2 节所述，为了将文本存储于外部设备或在网络上传输，需要将 Unicode 字符串转换成二进制的字节序列，该过程就是编码。在 Python 3 中，以 str 类型表示的 Unicode 字符串经过编码后的结果就是 bytes 对象。除此之外，图片、视频、网络数据流等都是二进制的字节序列，也可以用 bytes 类型表示。

创建 bytes 对象的语法与 str 类似，可以使用单引号、双引号或三重引号，但引号前必需添加一个字母 b 作为前缀。在引号中只允许出现编号在 0x00～0xff 的十六进制数(十进制 0～255)，并且在两位十六进制数之前需要加上前缀“\x”。对于 0x00～0x7f 的十六进制数(十进制 0～127)，如果其所对应的 ASCII 字符可书写，可以将其用 ASCII 字符代替。例如，下例中创建了两个 bytes 对象，它们的值是相等的。

```
>>> s1 = b'\x73\x70\x61\x6d'
>>> s1
```

```
b'spam'
>>> type(s1)
<class 'bytes'>
>>> s2 = b'spam'
>>> s2
b'spam'
>>> type(s2)
<class 'bytes'>
>>> s1 == s2
True
```

再如，下例通过混用 ASCII 字符和前缀“\x”后跟两位十六进制数的方式创建了一个 bytes 对象。注意，0xc4(十进制 196)和 0xe8(十进制 232)已经超出了 ASCII 标准的编码范围，所以只能用十六进制数表示。该字节序列实际上包含五个单独的字节，请读者自行辨别应在何处进行分割。

```
>>> s = b'A\xc48\xe8c'
>>> s
b'A\xc48\xe8c'
>>> len(s)
5
```

换一个角度看，由于 bytes 对象是多个字节组成的序列，并且一个字节由 8 比特组成，而 8 位二进制数的范围是 0～255，因此也可以将 bytes 对象视为由一系列 0～255 的整数组成的序列。对 bytes 对象进行下标索引会返回一个 0～255 的整数，而切片操作会生成新的 bytes 对象。示例如下：

```
>>> s = b'A\xc48\xe8c'
>>> s
b'A\xc48\xe8c'
>>> s[0]
65
>>> s[1]
196
>>> s[1:]
b'\xc48\xe8c'
>>> list(s)
[65, 196, 56, 232, 99]
```

需要注意的是，不能使用“\u”后跟四位十六进制数，或“\U”后跟八位十六进制数的方式创建 bytes 对象，这样的“\u”和“\U”起不到转义作用，只会按照字面意义被处理成字母和数字。下例中使用了一正一误两种方式创建 bytes 对象，并通过输出字节的十进制值的方式加以验证，请读者仔细体会。

```
>>> s = b'A\xc48\xe8c'
>>> s
b'A\xc48\xe8c'
>>> list(s)
[65, 196, 56, 232, 99]
>>>
>>> s = b'A\u00c48\U000000e8c'
>>> s
b'A\\u00c48\\U000000e8c'
>>> list(s)
[65, 92, 117, 48, 48, 99, 52, 56, 92, 85, 48, 48, 48, 48, 48, 48, 101, 56, 99]
```

还可以使用内置函数 bytes()由 str 对象创建 bytes 对象，这实际上是对 Unicode 字符串进行了编码，因此需要通过传入参数的方式指定编码标准。示例如下：

```
>>> bytes('a', 'ascii')
b'a'
>>> bytes('a', 'utf8')
b'a'
>>> bytes('a', 'utf16')
b'\xff\xfea\x00'
>>> bytes('a', 'utf32')
b'\xff\xfe\x00\x00a\x00\x00\x00'
>>> bytes('汉', 'utf8')
b'\xe6\xb1\x89'
>>> bytes('汉', 'gb2312')
b'\xba\xba'
```

在实践中，很少使用内置函数 bytes()编码单个字节，也很少使用内置函数 str()构造 Unicode 字符。Python 提供了更方便的方法进行编码和解码。在介绍编码和解码之前，再介绍一种与字符串相关的数据类型 bytearray，它是可变的字节序列。

4.3.3　可变字节序列 bytearray

Python 3 中的可变字节序列类型是 bytearray。作为不可变字节序列 bytes 的可变版本，bytearray 支持与 bytes 相同的字符串操作。此外，bytearray 还支持与列表相同的原地修改操作。

与 bytes 对象一样，bytearray 对象同样使用字母 b 作为标识前缀。但是，bytearray 对象不能通过在引号中写入十六进制数的方式进行创建。要创建 bytearray 对象，只能使用内置函数 bytearray()。该函数可以接收一个整数或包含整数的序列作为参数。如下例所示，如果传入整数 n 作为参数，则会生成一个由 n 个值为 0 的字节组成的序列；如果传入一个范围在 0～255 的整数序列，则会生成一个由原序列中每个整数对应的字节组成的新序列；如果传入的整数序列的范围超过 255，则会产生 ValueError 异常。

```
>>> bytearray(1)
bytearray(b'\x00')
>>> bytearray(4)
bytearray(b'\x00\x00\x00\x00')
>>> bytearray(range(4))
bytearray(b'\x00\x01\x02\x03')
>>> bytearray((65, 196, 56, 232, 99))
bytearray(b'A\xc48\xe8c')
>>> bytearray((256,))
Traceback (most recent call last):
  File "<stdin>", line 1, in <module>
ValueError: byte must be in range(0, 256)
```

与 bytes 对象一样，bytearray 对象也可以通过对 str 对象进行编码的方式构建。示例如下：

```
>>> bytearray('a', 'ascii')
bytearray(b'a')
>>> bytearray('a\xa5\u20ac\U00006f22', 'utf8')
bytearray(b'a\xc2\xa5\xe2\x82\xac\xe6\xbc\xa2')
>>> bytearray('a\xa5\u20ac\U00006f22', 'gb18030')
bytearray(b'a\x810\x846\xa2\xe3\x9dh')
```

bytearray 作为可变对象，可以通过下标索引方式进行原地修改，这是它与 bytes 对象最大的区别。示例如下：

```
>>> s1 = b'A\xc48\xe8c'
>>> s1
b'A\xc48\xe8c'
>>> s1[1]
196
>>> s1[1] = 66
Traceback (most recent call last):
```

```
  File "<stdin>", line 1, in <module>
TypeError: 'bytes' object does not support item assignment
>>>
>>> s2 = bytearray(s1)
>>> s2
bytearray(b'A\xc48\xe8c')
>>> s2[1]
196
>>> s2[1] = 66
>>> s2
bytearray(b'AB8\xe8c')
```

4.4　编码和解码

4.4.1　用于编码的 str.encode()方法

4.3 节介绍了 Python 3 中与字符串相关的数据类型，其中 str 是 Unicode 字符组成的字符串，bytes 是字节组成的序列。将 str 对象依照一定的编码规则转换成 bytes 对象的过程就是编码。除了 4.3.2 小节讲到的内置函数 bytes()可以实现编码功能外，str 对象还有一个名为 encode()的方法，它是实践中进行编码时最常使用的方法。

str 对象的 str.encode([encoding[, errors]])方法可以按照指定的编码规则将 Unicode 字符串转换为字节序列。该方法有两个可选参数，其中第一个参数 encoding 接收一个字符串，用来指定编码规则，默认值为 'utf-8'。下例通过对一些临界值上的 Unicode 字符进行编码验证 4.2 节中提及的 UTF-8 编码规则，请读者对照 4.2 节中的内容仔细体会。

```
>>> 'a'.encode()              # 十进制97
b'a'
>>> '\x7f'.encode()           # 十进制127
b'\x7f'
>>> '\x80'.encode()           # 十进制128
b'\xc2\x80'
>>> '\xff'.encode()           # 十进制255
b'\xc3\xbf'
>>> '\u0100'.encode()         # 十进制256
b'\xc4\x80'
>>> '\u07ff'.encode()         # 十进制2047
b'\xdf\xbf'
```

```
>>> '\u0800'.encode()          # 十进制2048
b'\xe0\xa0\x80'
>>> '\u6c49'.encode()          # 十进制27721
b'\xe6\xb1\x89'
```

str.encode([encoding[, errors]])方法的第二个参数 errors 用来指定编码发生错误时的处理方式，默认值为 'strict'，表示编码过程中如发生错误会引发 UnicodeError 异常，也可以设置成 'ignore' (忽略错误)、'replace' (将错误的字符替换成 ASCII 字符“?”)等。下例故意将一个 Unicode 字符 U+0080(其码位的十进制值为 128)用 ASCII 标准进行编码，由于 128 超出了 ASCII 的编码范围，因此编码时会发生错误，请注意观察参数 errors 设置成不同值时的结果。

```
>>> '\x80'.encode('ascii')
Traceback (most recent call last):
  File "<stdin>", line 1, in <module>
UnicodeEncodeError: 'ascii' codec can't encode character '\x80' in position 0: ordinal not in range(128)
>>> '\x80'.encode('ascii', errors='ignore')
b''
>>> '\x80'.encode('ascii', errors='replace')
b'?'
```

除 UTF-8 外，Python 还支持几十种编码标准，详见官方说明[1]。常用的几种编码标准如下：

(1) Latin-1 是 ISO-8859-1 的别名，ISO-8859-1 是单字节编码，其编码范围是 0x00～0xff，其中 0x00～0x7F 与 ASCII 码保持一致，0x80～0x9F 是控制字符，0xA0～0xFF 是文字符号。其后续版本 Latin-2，即 ISO-8859-2，收录了东欧字符。

(2) GB2312〔《信息交换用汉字编码字符集 基本集(GB 2312—1980)》〕是中华人民共和国国家标准简体中文字符集，由中国国家标准总局于 1980 年发布。GB2312 标准共收录了 6763 个汉字，以及拉丁字母、希腊字母、日文平假名及片假名字母、俄语西里尔字母在内的 682 个字符。GB2312 兼容 ASCII，每个汉字及符号以 2 字节表示。GB2312 基本满足了计算机处理简体汉字的需求，但不能处理罕用字和繁体字。

(3) GBK 全称为汉字内码扩展规范，由中国全国信息技术标准化技术委员会于 1995 年制订。GBK 共收录了 21 886 个汉字和图形符号，其中汉字 21 003 个。GBK 兼容 GB2312。

(4) CP936 是 Microsoft Windows Code Page 936 的别称，简单来说，CP936 就是 GBK。在为 encoding 参数设置值时，'cp936' 也被用为 'gbk' 的别名。严格比较起来，GBK 定义的字符较 CP936 多 95 个。

(5) GB18030〔《信息技术中文编码字符集》(GB 18030—2005)〕由中国国家标准化管理委员会于 2005 年发布，是我国当前最新的变长度多字节字符集。GB18030 共收录汉字

1　https://docs.python.org/3.9/library/codecs.html#standard-encodings

70 244 个，向后兼容 GBK 和 GB2312。

以下用不同标准编码同一个中文字符，读者可对结果加以比较。

```
>>> '汉'.encode('gb2312')
b'\xba\xba'
>>> '漢'.encode('gb2312')
Traceback (most recent call last):
  File "<stdin>", line 1, in <module>
UnicodeEncodeError: 'gb2312' codec can't encode character '\u6f22' in position 0: illegal multibyte
  sequence
>>> '汉'.encode('gbk')
b'\xba\xba'
>>> '漢'.encode('gbk')
b'\x9dh'
>>> '汉'.encode('gb18030')
b'\xba\xba'
>>> '漢'.encode('gb18030')
b'\x9dh'
>>> '汉'.encode('utf8')
b'\xe6\xb1\x89'
>>> '漢'.encode('utf8')
b'\xe6\xbc\xa2'
```

4.4.2 用于解码的 bytes.decode()方法

Python 3 中的 bytes 类型表示字节序列。使用 bytes 对象的 decode()方法将 bytes 对象依照一定的编码规则转换成表示 Unicode 字符序列的 str 对象，这一过程称为解码。bytearray 类型的对象也一样可以通过其 decode()方法进行解码，返回的是一个 str 对象。解码时所依照的编码规则需要与编码时的相同或兼容，否则会产生无意义的结果。

bytes 对象的 bytes.decode([encoding[, errors]])方法同样接收两个可选参数。第一个参数 encoding 指定解码时依照的编码规则，默认值为 'utf-8'；第二个参数 errors 指定编码发生错误时的处理方式，默认值为 'strict'，表示编码过程中如发生错误会引发 UnicodeError 异常，也可以设置成 'ignore' (忽略错误)、'replace' (将错误的地方替换成 Unicode 字符 U+FFFD) 等。Unicode 字符 U+FFFD 被称为 replacement character，字形为□。读者可以留意现实中的软件在出现语言相关错误时的表现，字符 □ 经常会出现。

下例先将 str 对象 'A 汉' 使用 Python 3 中默认的编码标准 UTF-8 进行编码，得到表示字节序列的 bytes 对象，再故意将该 bytes 对象用 ASCII 标准进行解码。由于中文字符超出了 ASCII 标准的范围，因此解码时会发生错误。请读者观察参数 errors 设置成不同值时的结果。

```
>>> s = 'A汉'.encode()
>>> s
b'A\xe6\xb1\x89'
>>> s.decode()
'A汉'
>>> s.decode('ascii')
Traceback (most recent call last):
  File "<stdin>", line 1, in <module>
UnicodeDecodeError: 'ascii' codec can't decode byte 0xe6 in position 1: ordinal not in range(128)
>>> s.decode('ascii', errors='ignore')
'A'
>>> s.decode('ascii', errors='replace')
'A\ufffd\ufffd\ufffd'
```

至此，可以对 Python 3 中有关编码和解码的操作进行总结。如图 4-3 所示，计算机程序运行在内存中，程序内部使用 Unicode 字符表示文本；在计算机外部设备中存储的二进制字节序列数据需要按照一定的编码规则进行解码，转换成 Unicode 字符串；程序对 Unicode 字符进行处理，当需要向外输出时，根据一定的编码规则进行编码，转换而成的二进制字节序列数据可供存储和传输。对于"读取—加工—存储"这一常见的文本操作过程而言，加工的对象应该都是 Unicode 字符。也可以 Unicode 字符为中转，实现由一种编码方式向另一种编码方式的转换。当然，如果编码方式不支持待编码字符，就会产生错误。

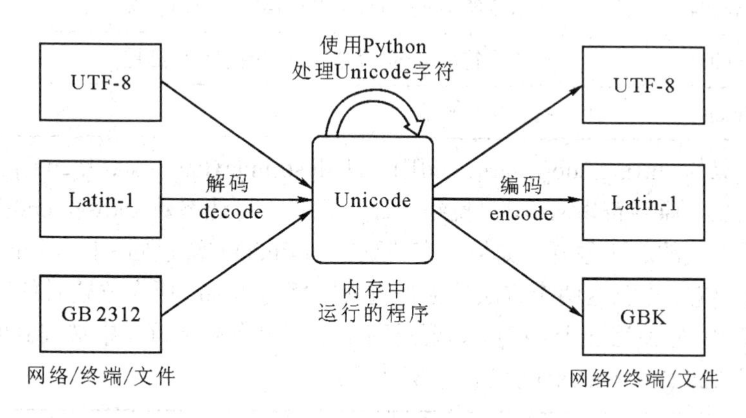

图 4-3　文本数据的处理过程

至于 Python 3 中的具体实现，就是使用 bytes.decode()方法对 Python 3 中表示字节序列的 bytes 对象进行解码，得到表示 Unicode 字符序列的 str 对象；使用 str.encode()方法对表示 Unicode 字符序列的 str 对象进行编码，得到表示字节序列的 bytes 对象。对 bytes 对象进行解码，对 str 对象进行编码是正确的做法；如果故意"反其道而行之"，对 bytes 对象进行编码，对 str 对象进行解码，就会发生错误，我们当然也不应这样做。

4.5　字符串的常用方法

表 4-2 列出了 Python 中字符串对象的常用方法。

表 4-2　字符串对象的常用方法

方　法	说　明
str.find()	查找指定字符串在字符串 str 中出现的位置，若找不到则返回-1
str.index()	查找指定字符串在字符串 str 中出现的位置，若找不到则产生 ValueError 异常
str.count()	计算指定字符串在字符串 str 中出现的次数
str.join()	以字符串 str 为连接符将可迭代对象的元素拼接成一个字符串
str.split()	按指定字符串对原字符串 str 进行拆分，返回一个包含拆分后各个子字符串的列表
str.partition()	按指定字符串对原字符串 str 进行拆分，返回一个包含分隔符前、分隔符本身、分隔符后的元组
str.splitlines()	返回由字符串 str 中各行组成的列表
str.strip()	返回字符串 str 移除了指定前导和末尾字符串的副本
str.replace()	返回字符串 str 替换了指定字符串的副本
str.startswith()	检查字符串 str 是否是以指定的字符串开头
str.endswith()	检查字符串 str 是否是以指定的字符串结尾
str.format()	字符串格式化

字符串对象的 str.find(sub[, start[, end]])方法和 str.index(sub[, start[, end]])返回作为参数的子字符串 sub 在原字符串 str 中被找到的最小索引。可选参数 start 和 end 遵循切片表示法，用于指定查找的起止位置。如果没有找到，则 find()方法返回 -1，而 index()方法会产生 ValueError 异常。注意这两个方法只应在查找子字符串 sub 所在位置时使用，要检测 sub 是否为子字符串，应使用 in 运算符。如要返回子字符串在原字符串中被找到的最大（最右）索引，可使用 rfind()或 rindex()方法。示例如下：

```
>>> s = 'spam,ham,eggs,ham,spam'
>>> s.find('spam')
0
>>> s.find('ham', 6)
14
>>> s.find('hamm')
```

```
-1
>>> s.index('hamm')
Traceback (most recent call last):
  File "<stdin>", line 1, in <module>
ValueError: substring not found
>>> s.rfind('spam')
18
```

字符串对象的 str.count(sub[, start[, end]])方法返回子字符串 sub 在原字符串 str 中出现的次数。可选参数 start 和 end 遵循切片表示法，用于指定查找的范围。示例如下：

```
>>> s = 'spam,ham,eggs,ham,spam'
>>> s.count('am')
4
>>> s.count('am', 2, 8)
2
```

字符串对象的 str.join(iterable)方法将可迭代对象 iterable 中的元素以字符串 str 为连接符组成一个新的字符串。作为连接符的 str 和可迭代对象 iterable 的每个元素必须是相同类型的字符串，否则会产生 TypeError 异常。示例如下：

```
>>> ','.join(['spam', 'ham', 'eggs'])
'spam,ham,eggs'
>>> b','.join([b'spam', b'ham', b'eggs'])
b'spam,ham,eggs'
>>> ','.join([b'spam', 'ham', 'eggs'])
Traceback (most recent call last):
  File "<stdin>", line 1, in <module>
TypeError: sequence item 0: expected str instance, bytes found
```

当要连接多个字符串时，应优先考虑 join()方法而不是在循环中反复使用“+”运算符。这是因为每次调用“+”运算符都会产生新的字符串对象，当调用次数较多时其效率会低于只一次性生成字符串对象的 join()方法。

字符串对象的 str.split(sep=None, maxsplit=-1)方法将字符串 str 从左端开始进行拆分，返回一个包含拆分后各个子字符串的列表。可选参数 sep 用于指定作为拆分依据的分隔符，若未提供或设置为 None，将以任何空白符(如空格、制表符、回车、换行)作为分隔符。可选参数 maxsplit 用于指定最多拆分次数。如果提供了 maxsplit，则最多进行 maxsplit 次拆分；如果 maxsplit 未指定或为 -1，则不限制拆分次数(进行所有可能的拆分)。如要从字符串的右端开始进行拆分，可使用 rsplit()方法。示例如下：

```
>>> 'spam,ham,eggs'.split(',')
['spam', 'ham', 'eggs']
>>> 'spam    ham\teggs\rspam\nham'.split()
['spam', 'ham', 'eggs', 'spam', 'ham']
>>> 'spam,ham,eggs'.split(sep=',', maxsplit=1)
['spam', 'ham,eggs']
>>> 'spam,ham,eggs'.rsplit(sep=',', maxsplit=1)
['spam,ham', 'eggs']
```

字符串对象的 str.partition(sep)方法同样用于拆分字符串，其只接收一个用于指定分隔符的参数 sep，并在 sep 首次出现的位置拆分字符串 str，返回一个有 3 个元素的元组，其中包含分隔符之前的部分、分隔符本身以及分隔符之后的部分。如果分隔符未找到，则返回的元组中包含原字符串 str 本身以及两个空字符串。如要在 sep 最后一次出现的位置拆分字符串，可使用 rpartition()方法。示例如下：

```
>>> 'spam,ham,eggs'.partition(',')
('spam', ',', 'ham,eggs')
>>> 'spam,ham,eggs'.partition('.')
('spam,ham,eggs', '', '')
```

字符串对象的 str.splitlincs(keepends=False)返回由原字符串中各行组成的列表，行边界由回车、换行等字符确定。返回的结果列表默认不包含行边界，除非将参数 keepends 设置为 True。示例如下：

```
>>> 'spam\rham\neggs\r\n'.splitlines()
['spam', 'ham', 'eggs']
>>> 'spam\rham\neggs\r\n'.splitlines(keepends=True)
['spam\r', 'ham\n', 'eggs\r\n']
```

字符串对象的 str.strip([chars])方法返回原字符串的移除了前导和末尾字符的副本。可选字符串参数 chars 用于指定所要移除的字符的组合，如省略则默认移除空白符。需要注意的是，所移除的不仅仅是与参数 chars 一样的字符序列，只要是与 chars 中各字符的任意组合相符的字符序列都会被移除。当字符串 str 的前导和末尾出现一个不在参数 chars 中的字符时，移除操作即刻停止。字符串的 lstrip()和 rstrip()方法分别用来移除字符串左端和右端的字符，其用法类似于 strip()。示例如下：

```
>>> '   spam,ham,eggs     \t\r\n'.strip()
'spam,ham,eggs'
>>> 'spam,ham,eggs'.strip('asp')
'm,ham,egg'
```

字符串对象的 str.replace(old, new[, count])方法返回字符串 str 的副本，其中出现的所有子字符串 old 都将被替换为 new。如果提供了可选参数 count，则只替换前 count 次。示例如下：

```
>>> 'spam,ham,eggs,spam'.replace('spam', 'apple')
'apple,ham,eggs,apple'
>>> 'spam,ham,eggs,spam'.replace('spam', 'apple', 1)
'apple,ham,eggs,spam'
```

字符串对象的 str.startswith(prefix[, start[, end]])方法和 str.endswith(suffix[, start[, end]])方法分别用于检查字符串 str 是否是以参数指定子字符串开始或结束，若是返回 True，否则返回 False。可选参数 start 和 end 用于指定查找范围。这两个方法的第一个参数还可以是一个字符串元组，用于指定供匹配的多个前缀或后缀。示例如下：

```
>>> 'spam,ham,eggs'.startswith('spam')
True
>>> 'spam,ham,eggs'.endswith('eggs', 10)
False
```

字符串对象的 str.format(*args, **kwargs)方法用来格式化字符串，调用此方法的字符串可以包含普通字符以及用大括号“{}”表示的替换域。替换域可以包含一个位置参数的数字索引，或一个关键字参数的名称。返回的字符串中每个替换域都会被替换成对应参数的字符串值。示例如下：

```
>>> 'The sum of 1 + 2 is {0}'.format(1+2)
'The sum of 1 + 2 is 3'
>>> '{2}, {0}, {1}'.format('spam', 'ham', 'eggs')
'eggs, spam, ham'
>>> 'Coordinates: {latitude}, {longitude}'.format(latitude="27°7′S", longitude="109°22′W")
'Coordinates: 27°7′S, 109°22′W'
```

其还可以配合类型标识符使用，如下所示：

```
>>> 'int: {0:d};   hex: {0:x};   oct: {0:o};   bin: {0:b}'.format(42)
'int: 42;   hex: 2a;   oct: 52;   bin: 101010'
>>> 'int: {0:d};   hex: {0:#x};   oct: {0:#o};   bin: {0:#b}'.format(42)
'int: 42;   hex: 0x2a;   oct: 0o52;   bin: 0b101010'
>>>
>>> '{:,}'.format(1234567890)
'1,234,567,890'
```

```
>>>
>>> points = 19
>>> total = 22
>>> 'Correct answer percentage: {:.2%}'.format(points/total)
'Correct answer percentage: 86.36%'
>>>
>>> import datetime
>>> d = datetime.datetime(2021, 7, 19, 12, 15, 58)
>>> '{:%Y-%m-%d %H:%M:%S}'.format(d)
'2021-07-19 12:15:58'
```

str.format()方法功能强大，Python 为其替换域制定了多种格式化规则，熟练掌握后可用简洁的代码实现丰富的格式化输出。更多用法请参考官方文档。

第5章 函 数

编程语言中的函数由按照一定顺序执行的一系列语句构成。将需要反复执行的语句封装成函数，在需要的地方调用，不仅可以实现代码复用，还有助于提高代码的一致性。使用函数还有助于编程人员将复杂的系统分解为较为简单的部件，部件对外只提供调用接口而隐藏了内部实现细节，这样一来，编程人员只需在部件间的调用关系这一更高的层次上进行程序设计，显著提高了工作效率。与C语言相比，Python中的函数在参数传递方面有自己的特点：不像C语言的函数参数有值传递和地址传递两种可选方式，Python中函数调用者向被调用函数传递的一律是对象的引用，由此产生的修改可变对象与不可变对象的差异是本章的重点。此外，Python还提供了关键字参数、参数默认值、可变数量参数、复合数据结构参数自动解包等附加语法功能，熟练掌握后可显著提高编程效率和代码质量。随着函数的引入，产生了在函数内外定义变量的区别，与此相关的变量作用域的概念也将在本章介绍。正如下文所述，Python的变量作用域规则简洁明了，寥寥数语的规则却极为重要，需要读者牢记。

本章着重介绍Python函数的基本语法、多种参数定义及传递方法、变量作用域规则。此外，还将对匿名函数和嵌套函数做简要介绍。

5.1 函数的定义

函数的定义包括函数头和函数体两部分。如下所示，函数头以关键字def开始，后跟一个空格和函数名，接下来是一对括号，括号内可列出函数的参数，多个参数用逗号间隔，括号之后是一个冒号。函数体由多条语句构成，与函数头维持一个层级的缩进。函数头和函数体之间可以加入三重引号界定的字符串作为注释，即文档字符串(docstring)，用于简述函数的功能。

```
def func(arg1, arg2, arg3):
    """Docstring comments"""
    statements
```

下例定义了一个函数，用于计算两个整数的最大公约数(最大公约数是能够整除多个整数的最大正整数，如8和12的最大公约数是4)。注意，在Python交互环境中可以使用内置函数help()查看文档字符串。

```
>>> def gcd(a, b):
```

```
...         """Calculate the greatest common divisor of two integers"""
...         if a < b: a, b = b, a
...         while b:
...             a, b = b, a%b
...         return a
...
>>> gcd(8, 12)
4
>>> help(gcd)
Help on function gcd in module __main__:

gcd(a, b)
    Calculate the greatest common divisor of two integers
```

return 语句可以出现在函数体中的任意位置，当被执行时，会结束函数的执行并将 return 后跟的对象作为结果返回给函数的调用者。也可以使用不带返回值的空 return 语句，它返回一个 None 对象。实际上，即使是没有 return 语句的函数，其在执行完毕后也会返回一个 None 对象，只是该 None 对象常会被忽略。示例如下：

```
>>> def func():
...         return
...
>>> x = func()
>>> print(x)
None
>>> def func():
...         print('spam')
...
>>> x = func()
spam
>>> print(x)
None
```

Python 中的一切都是对象，函数也不例外。上文介绍的函数定义(def 引起的函数头及随后的函数体)就是一段可执行的代码，只有当 Python 执行了函数定义的代码之后，才会在内存中创建一个函数对象，并将其赋给一个变量(函数名)。Python 这种在程序运行时才创建函数对象的做法与 C 等编译型语言有明显的不同(C 语言在代码编译后实际上已将所有函数执行完毕)。也正因为将函数对象的创建延后到了程序运行时，所以 Python 可以根据运行时的条件动态地定义函数。示例如下：

```
if test:
    def func():        # 以一种形式定义函数
        ...
else:
    def func():        # 或者将函数定义成另一种形式
        ...
...
func()                 # 调用函数
```

5.2 函数的参数

5.2.1 形参与实参

函数的参数并非必不可少，但大部分函数至少有一个参数，用于接收函数调用者向函数传递的信息。根据参数是出现在函数定义之中还是用在函数调用之时，可将其分为形参(formal parameter)和实参(actual parameter)。定义函数时写在 def 函数头括号内的参数为形参，调用函数时写在函数名之后括号内的参数为实参。

在大多数情况下，在函数内修改形参的值不会影响外部的实参。示例如下：

```
>>> def add_one(a):
...     print(a)
...     a += 1
...     print(a)
...
>>> b = 0
>>> add_one(b)
0
1
>>> b
0
```

但如果传入的实参是列表等可变对象，并且在函数内部通过下标索引等方式对形参进行了原地修改，则函数外部的实参也会受到影响。示例如下：

```
>>> def modify(a):
...     print(a)
...     a[0] = 'spam'
...     print(a)
```

```
...
>>> x = [1, 2, 3]
>>> modify(x)
[1, 2, 3]
['spam', 2, 3]
>>> x
['spam', 2, 3]
```

在上例中，函数内部对形参的修改影响到了外部的实参。究其原因，在于 Python 的函数总是通过引用传递参数，而从来不会将实参对象复制一份再赋给形参。这样一来，形参和实参实际上都指向了同一个对象(如图 5-1 所示)。由 2.5 节可知，改变整数这样的不可变对象的结果是在内存中生成了新对象，而原地修改列表并不会改变列表对象本身的地址，于是就有了上例中对函数内部可变对象形参的修改影响了函数外部实参的情况。

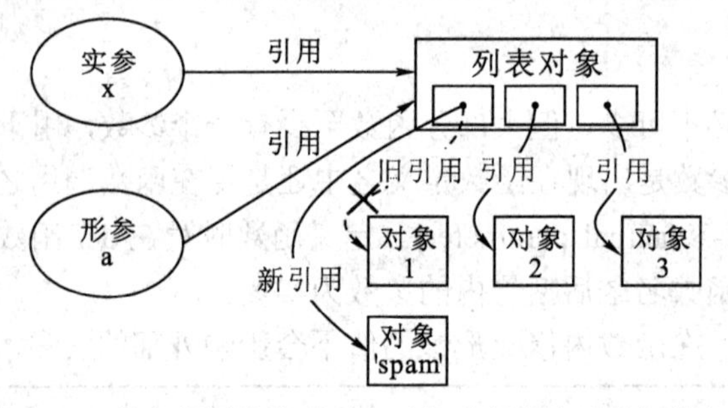

图 5-1　函数内部原地修改列表对象形参影响了外部的实参

在函数内部原地修改可变对象形参可以作为函数向外传递结果的一种方式，但使用不当会导致不易察觉的错误，在实践中要格外注意。如果想避免这种情况，可以在调用函数时传入实参的拷贝，如将上例中调用函数的语句从 modify(x)改写成 modify(x[:])；也可以如下所示，在函数内部先复制形参对象，再对该复制品进行处理。

```
>>> def modify(a):
...         a = a[:]
...         print(a)
...         a[0] = 'spam'
...         print(a)
...
>>> x = [1, 2, 3]
>>> modify(x)
[1, 2, 3]
['spam', 2, 3]
>>> x
[1, 2, 3]
```

Python 基本的函数参数传递规则与 C 语言一样，都是基于位置的：实参按从左到右的顺序传入，与形参一一对应，如果实参与形参的个数不匹配就会报错。除此之外，Python 还为参数传递提供了多种辅助机制，这些机制虽然并不是必不可少的，但如果运用得当，可以提高编程效率和程序质量，因此需要重点掌握。以下分形参和实参两大类，依次介绍默认参数、关键字参数和可变参数的定义与传递。

5.2.2 作为形参的默认参数

在定义函数时可以使用“形参名=默认值”的形式为形参设定一个默认值，在调用函数时，如果没有与该形参对应的实参传入，就使用该默认值。需要注意的是，默认形参必须出现在参数列表的最右端，并且任何一个默认形参的右侧不能有非默认的形参，否则会出错。示例如下：

```
>>> def func(spam, ham, eggs=3):
...     print('spam: %d, ham: %d, eggs: %d' % (spam, ham, eggs))
...
>>> func(1, 2, 4)
spam: 1, ham: 2, eggs: 4
>>> func(1, 2)
spam: 1, ham: 2, eggs: 3
>>>
>>> def func(spam, eggs=3, ham):
  File "<stdin>", line 1
    def func(spam, eggs=3, ham):
                          ^
SyntaxError: non-default argument follows default argument
```

多次调用带有默认形参的函数且不为默认形参传递值时，默认形参只会在函数第一次调用时进行解释。对于列表、字典类型的默认形参，这一点可能会产生出乎意料的结果。示例如下：

```
>>> def attach(item, series=[]):
...     series.append(item)
...     return series
...
>>> attach(1)
[1]
>>> attach(2)
[1, 2]
```

上例中的函数旨在将给定的元素添加到列表末尾，如果在函数调用时没有提供列表对象作为参数，则默认使用空列表。可以看到，在第二次调用函数时第一次的结果仍然存在，这明显不符合预期。实际上，只有当使用列表、字典等可变对象作为默认形参，并在函数内部对其进行原地修改时，才会出现这种结果。其原因在于默认形参对象只在定义函数的 def 语句被执行时，而非函数被调用时才会被创建，对其进行原地修改不会生成新的对象。

在实践中，要尽量避免使用列表、字典等可变对象作为函数的默认形参，因为其有可能导致难以察觉的错误。对于类似上例那样需要空列表的情况，可以将默认形参设置为 None，再在函数体内部加以判断，如下所示：

```
>>> def attach(item, series=None):
...     if series is None:
...         series = []
...     series.append(item)
...     return series
...
>>> attach(1)
[1]
>>> attach(2)
[2]
```

可变对象做默认形参时的这种特性并不总是坏事，使用得当时，反而能提升程序的性能。下例实现了一种简单的缓存机制，这在反复调用计算复杂度高的函数时尤其有用，读者可仔细体会。

```
def calculate(a, b, memo={})
    try:
        value = memo[a, b]                          # 直接返回已经计算好的结果
    except KeyError:
        value = do_heavy_calculation(a, b)          # 进行某种复杂计算
        memo[a, b] = value                          # 更新字典“缓存”
    return value
```

5.2.3　作为实参的关键字参数

在调用函数时可以使用“形参名=实参值”的形式传递参数，称之为关键字参数。使用关键字参数时，实参顺序无须与形参顺序保持一致，避免了用户要牢记参数位置顺序的麻烦；同时，关键字参数中的形参名有一定的注释和提示作用，有助于代码的文档化。示例如下：

```
>>> def func(spam, ham, eggs=3):
...     print('spam: %d, ham: %d, eggs: %d' % (spam, ham, eggs))
```

```
...
>>> func(ham=2, spam=1)
spam: 1, ham: 2, eggs: 3
>>> func(eggs=3, ham=2, spam=1)
spam: 1, ham: 2, eggs: 3
```

注意，上例中出现在函数定义def头部的eggs=3是默认形参，下方函数调用中的eggs=3才是关键字参数，不要混淆。

5.2.4 作为形参的可变参数

有时在定义函数时无法确定函数在被调用时传入的参数个数，此时可以使用形如*args或**kwargs的可变参数。二者的区别是，*args接收多个位置参数并将其存入名为args的元组中，而**kwargs接收多个关键字参数并将其存入名为kwargs的字典中(这里的args是arguments的缩写，kwargs是keyword arguments的缩写)。在函数体内部可以从该元组或字典中提取参数进行处理。示例如下：

```
>>> def func(*args):
...     print(args)
...
>>> func(1)
(1,)
>>> func(1, 2, 'spam')
(1, 2, 'spam')
>>>
>>> def func(**kwargs):
...     for item in kwargs.items():
...         print(item)
...
>>> func(spam=1, ham=2, eggs=3)
('spam', 1)
('ham', 2)
('eggs', 3)
```

需要注意的是，可变参数一般被写在函数形参列表的末尾，因为它们收集传递给函数的所有剩余参数。可变参数之后如果还有参数出现，那为其传递值时只能以关键字参数的形式进行，否则会出错。示例如下：

```
>>> def concat(*args, sep):
...     return sep.join(args)
```

```
...
>>> concat('good', 'bad', 'ugly', '/')
Traceback (most recent call last):
  File "<stdin>", line 1, in <module>
TypeError: concat() missing 1 required keyword-only argument: 'sep'
>>> concat('good', 'bad', 'ugly', sep='/')
'good/bad/ugly'
```

上例中第二种函数调用方式虽然可行，但显得有些别扭。为了提高代码的可读性，在实践中应该坚持将可变参数置于形参列表的末尾。

*args 和**kwargs 也可以放在一起使用，同时以元组和字典的形式接收可变参数，但这种写法可能会降低代码的可读性，需谨慎使用。示例如下：

```
>>> def func(a, b, c=4, *args, **kwargs):
...     print(a, b, c)
...     print(args)
...     print(kwargs)
...
>>> func(1, 2, 3, 4, 5, 6, spam=1, ham=2, eggs=3)
1 2 3
(4, 5, 6)
{'spam': 1, 'ham': 2, 'eggs': 3}
```

5.2.5 传递实参时的参数解包

为含有多个形参的函数传递实参时，可使用列表、元组、字典、集合等可迭代对象作为实参，并在实参名称前加一个“*”，Python 将自动进行解包，然后将序列中的元素传递给多个形参。需要注意的是，如果解包一个字典对象，则默认将字典的键传给形参。如果想使用字典的值，可以调用字典的 values()方法来获取。在解包时，一定要保证实参中元素个数与形参个数相等，否则会出错。示例如下：

```
>>> def func(a, b, c):
...     print(a, b, c)
...
>>> func(*[1, 2, 3])
1 2 3
>>> func(*(1, 2, 3))
1 2 3
```

```
>>> func(*set((1, 2, 3)))
1 2 3
>>> func(*{'spam': 1, 'ham': 2, 'eggs': 3})
spam ham eggs
>>> func(*{'spam': 1, 'ham': 2, 'eggs': 3}.values())
1 2 3
```

如果在作为实参的字典对象前加上“**”，Python 会以“键-值”对的形式解包该字典，使其以关键字参数的形式传入函数。示例如下：

```
>>> def func(spam, ham, eggs):
...     print(spam, ham, eggs)
...
>>> func(**{'spam': 1, 'ham': 2, 'eggs': 3})
1 2 3
>>> func(**{'a': 1, 'b': 2, 'c': 3})
Traceback (most recent call last):
  File "<stdin>", line 1, in <module>
TypeError: func() got an unexpected keyword argument 'a'
```

不要混淆函数定义中的可变参数和函数调用时的参数解包：“*”和“**”出现在函数定义中意味着函数接收任意数量的参数，出现在函数调用中则意味着参数解包。下例在定义函数时使用了可变形参，同时在调用函数时对字典实参进行了解包，读者可仔细体会。

```
>>> def func(**kwargs):
...     print(kwargs)
...
>>> func(**{'spam': 1, 'ham': 2, 'eggs': 3})
{'spam': 1, 'ham': 2, 'eggs': 3}
```

5.3 lambda 表达式

Python 支持一种名为 lambda 表达式的语法，用于创建简单函数。lambda 表达式由关键字 lambda 开头，后跟参数列表、冒号，最后是一个使用传入参数的表达式。

```
lambda arg1, arg2, ... , argN: expression
```

执行 lambda 表达式会生成一个函数对象，可以将其赋给变量，供之后调用，这与使用 def 语句定义函数没有区别。5.2 节介绍的参数传递方法同样适用于 lambda 表达式。示例如下：

```
>>> f = lambda x, y: x + y
>>> type(f)
<class 'function'>
>>> f(1, 2)
3
>>> f = lambda x, y=2: x + y
>>> f(1)
3
```

需要注意的是，lambda 表达式只允许包含一个表达式，该表达式的结果作为函数的返回值，且不允许包含其他的复杂语句。

在实践中，一般不会将 lambda 表达式创建的函数赋给变量(也就是说，不给它起名字)，而是通过 lambda 表达式将函数的定义直接内嵌到需要使用该函数的地方，所以 lambda 表达式也称匿名函数。使用匿名函数的好处是函数的定义和对函数的调用出现在代码中相邻的位置，提高了代码的可读性，同时还节省了变量名，避免了潜在的命名冲突。

函数式编程大量使用 lambda 表达式。例如，下例中的 map()函数接收一个函数作为第一个参数，将该函数依次作用在第二个参数传入的序列上。

```
>>> list(map(lambda x: x**2, [1, 2, 3]))
[1, 4, 9]
```

5.4　全 局 变 量

变量在代码中起作用的范围称为变量的作用域。一个变量在函数外部定义和在函数内部定义，其作用域是不同的。一般而言，函数内部定义的变量为局部变量(local variable)，函数外部定义的变量为全局变量(global variable)。示例如下：

```
x = 99              # 全局变量


def func():
    x = 1           # 局部变量
```

局部变量只在其所在的函数内起作用，函数执行结束后，内部的局部变量被自动删除。示例如下：

```
>>> def func():
...        x = 1
```

```
...     print(x)
...
>>> func()
1
>>> x
Traceback (most recent call last):
  File "<stdin>", line 1, in <module>
NameError: name 'x' is not defined
```

函数内部可以访问在外部定义的全局变量，函数调用结束后，全局变量仍存在。示例如下：

```
>>> x = 99
>>> def func():
...     print(x)
...
>>> func()
99
>>> x
99
```

当尝试在函数内部修改全局变量时，情况会变得复杂一些。以下列出了六种不同情况下的例子，先依次分析，再总结规律。

例 1　函数外部定义了一个全局变量 x，赋值 99；函数内部定义了一个同样名为 x 的变量，赋值 1。函数调用之后再次输出全局变量 x 的值，没有变化，仍是 99。可见，函数内部的语句 x = 1 创建的是局部变量。

例 2　与例 1 不同的是，例 2 在定义函数时加入了一条语句 global x，声明函数中出现的变量 x 是全局变量。这里的 global 是 Python 提供的关键字。下一条语句 x = 1 实际上是对全局变量 x 赋新值，这一点在之后得到了验证：调用完函数再输出全局变量 x 的值，已变成 1。由这两个例子可见，在函数内部为变量赋值，除非用关键字 global 声明了是全局变量，否则就是局部变量。

```
>>> x = 99
>>> def func():
...     x = 1
...     print(x)
...
>>> x
99
```

```
>>> x = 99
>>> def func():
...     global x
...     x = 1
...     print(x)
...
>>> x
```

```
>>> func()
1
>>> x
99
```

```
99
>>> func()
1
>>> x
1
```

例 3　与例 1 不同的是，例 3 在函数体的第一行加入了语句 print(x)，也就是这条语句造成了异常，Python 提示 print(x)中的局部变量 x 还没有被赋值，却先被使用了。究其原因，在于函数体第二行使用了赋值语句 x = 1，但没有出现 global x 这样的声明，函数内部的 x 因此为局部变量，而出错的 print(x)出现在 x = 1 之前，此时局部变量 x 还不存在，自然会出错。

```
>>> x = 99
>>> def func():
...     print(x)
...     x = 1
...     print(x)
...
>>> x
99
>>> func()
Traceback (most recent call last):
  File "<stdin>", line 1, in <module>
  File "<stdin>", line 2, in func
UnboundLocalError: local variable 'x' referenced before assignment
```

例 4　为了改正例 3 中的错误，只需要在函数体的第一行加入 global x，声明 x 是全局变量，之后的赋值语句 x = 1 实际上是对全局变量 x 赋了新值 1。

```
>>> x = 99
>>> def func():
...     global x
...     print(x)
...     x = 1
...     print(x)
>>> x
99
>>> func()
99
1
```

例 5　在函数内部只访问全局变量，不对其进行修改，这时可以不用 global 关键字进行声明。

例 6　在函数内部先使用 global 关键字进行声明，再创建变量，实际上是创建了全局变量。

```
>>> x = 99
>>> def func():
...     print(x)
...
>>> x
99
>>> func()
99
>>> x
99
```

```
>>> def func():
...     global x
...     x = 99
...
>>> func()
>>> x
99
```

由以上六个例子可以总结出 Python 中有关全局变量和 global 关键字的使用规则，如下：

(1) 一个变量已在函数外定义，如果在函数内需要为该变量赋值，并要将该赋值结果反映到函数外，可以在函数内用 global 关键字声明该变量是全局变量。

(2) 如果在函数内任意位置有为变量赋值的操作，该变量即被认为是局部变量，除非在函数内使用 global 关键字进行了声明。

(3) 在函数内如果只引用某个变量的值而没有为其赋值，则该变量为全局变量，无须使用 global 关键字进行声明。

全局变量提供了一种函数与外部交换信息的方式，但在实践中应该谨慎使用全局变量，在大多数情况下，函数还是应该依赖参数和返回值而不是全局变量。一般认为，在函数中修改全局变量会引入潜在的危险：全局变量的定义和修改语句可能在代码中相距甚远，这使得代码不易理解和维护。当多个函数都修改了全局变量时，全局变量的值更是依赖于函数的调用顺序。这些都是应尽力避免的问题。

5.5 嵌套函数

将一个函数的定义完全置于另一个函数的函数体中，就构成了嵌套函数(nested function)。下例演示了一个简单的嵌套函数，其中 func_outer()为外层函数，func_inner()为内层函数。注意，在内层函数中没有定义变量 x，print(x)语句显示输出的是外层函数的局部变量 x，而非全局变量 x。

```
>>> x = 99
>>>
>>> def func_outer():
```

```
...     x = 1
...     def func_inner():
...         print(x)
...     func_inner()
...
>>> func_outer()
1
```

嵌套函数的作用之一是对外隐藏内层函数。例如，下面是一个实现阶乘的嵌套函数，外部可以调用外层函数，但不能调用内层函数。

```
>>> def factorial(n):
...     if not isinstance(n, int):
...         raise TypeError("'n' must be an integer")
...     if n < 0:
...         raise ValueError("'n' must be positive or zero")
...
...     def factorial_inner(n):
...         if n <= 1:
...             return 1
...         return n * factorial_inner(n-1)
...
...     return factorial_inner(n)
...
>>>
>>> factorial(4)
24
>>> factorial_inner(4)
Traceback (most recent call last):
  File "<stdin>", line 1, in <module>
NameError: name 'factorial_inner' is not defined
```

嵌套函数的另一作用是实现工厂函数(factory function)，即创建另一个函数对象的函数。例如，以下嵌套函数实现了指数运算(这里记作 b 的 n 次方)。

```
def generate_power(n):
    def b_raised_to_the_power_of_n(b):
        return b**n
    return b_raised_to_the_power_of_n
```

可以用如下方式生成一个执行平方运算(b的2次方)的函数power_two()。注意，内层函数“记住了”指数2，即外层函数的内部变量n的值。

```
>>> power_two = generate_power(2)
>>> type(power_two)
<class 'function'>
>>> power_two(2)
4
>>> power_two(3)
9
```

类似地，可以生成如下执行立方运算(b的3次方)的函数power_three()，前面已经生成的函数power_two()不受影响。

```
>>> power_three = generate_power(3)
>>> power_three(2)
8
>>> power_three(3)
27
>>> power_two(3)
9
```

注意，在以上两个例子中，在使用函数power_two()和power_three()时，对外层函数generate_power()的调用都已结束，但外层函数内部变量n的值(分别是2和3)却被保留了下来，这与我们所熟悉的函数内部的变量随函数调用结束而自动消亡有很大不同。

内层函数引用了外层函数中定义的对象，同时外层函数以内层函数对象作为返回值，将这样的实现方式称为闭包(closure)。使用闭包的目的是让内层函数记住其被创建时的环境状态，即使产生该状态的外层函数调用已经结束。闭包需要通过嵌套函数来实现，但嵌套函数并不等同于闭包。具体来说，要实现一个闭包，必须同时满足三点：① 定义一个嵌套函数；② 内层函数至少引用一个定义在外层函数中的对象，即在外层函数的本地作用域中定义的对象；③ 外层函数返回一个内层函数对象，而不是返回一个内层函数的调用结果。

我们已经看到了嵌套函数的内层函数可以轻易地访问定义在外层函数中的变量，但是除了访问，如果还想要修改呢？下例尝试在内层函数中对外层函数定义的变量x进行加赋值操作，但运行时会发生错误。

```
>>> def func_outer():
...     x = 1
...     def func_inner():
...         x += 1
```

```
...         print(x)
...     func_inner()
...
>>> func_outer()
Traceback (most recent call last):
  File "<stdin>", line 1, in <module>
  File "<stdin>", line 6, in func_outer
  File "<stdin>", line 4, in func_inner
UnboundLocalError: local variable 'x' referenced before assignment
```

实际上，不能在内层函数中通过赋值改变外层函数的本地作用域中的变量，除非使用一个名为 nonlocal 的关键字对其进行声明，如下所示：

```
>>> def func_outer():
...     x = 1
...     def func_inner():
...         nonlocal x
...         x += 1
...         print(x)
...     func_inner()
...
>>> func_outer()
2
```

需要注意的是，nonlocal 语句中声明的变量必须已在外层函数的本地作用域中被定义过。此外，Python 2 不支持 nonlocal 关键字，因此不要尝试在 Python 2 中使用 nonlocal 关键字。

5.6　变量的作用域

在 5.4 节已经介绍过，变量起作用的范围就是变量的作用域。变量的作用域由变量被定义时的位置决定，与变量被使用时的位置无关。变量在使用时根据变量的作用域决定在何处寻找变量的定义。

Python 中最高一层的程序组织单元是模块(module)，每个 Python 源程序文件都对应一个模块。在创建函数之前，所有的变量都位于模块的顶层，这时只有两个作用域——全局作用域(global scope)和内置作用域(built-in scope)。全局作用域的范围仅限于当前模块内部，属于全局作用域的变量就是全局变量。由于 Python 中并不存在一个可以贯穿多个模块的作用域，要使用其他模块中定义的变量，就需要先行导入模块，有关模块导入的内容将在第 10 章介绍。

内置作用域中的变量都是 Python 预先定义好的，大部分是内置异常类和内置函数，在 Python 3 中可以通过导入 builtins 模块查看，如下所示：

```
Python 3.9.1 (tags/v3.9.1:1e5d33e, Dec  7 2020, 17:08:21) [MSC v.1927 64 bit (AMD64)] on win32
Type "help", "copyright", "credits" or "license" for more information.
>>> import builtins
>>> dir(builtins)
['ArithmeticError', 'AssertionError', 'AttributeError', 'BaseException', 'BlockingIOError', 'BrokenPipeError',
'BufferError', 'BytesWarning', 'ChildProcessError', 'ConnectionAbortedError', 'ConnectionError',
'ConnectionRefusedError', 'ConnectionResetError', 'DeprecationWarning', 'EOFError', 'Ellipsis',
'EnvironmentError', 'Exception', 'False', 'FileExistsError', 'FileNotFoundError', 'FloatingPointError',
'FutureWarning', 'GeneratorExit', 'IOError', 'ImportError', 'ImportWarning', 'IndentationError', 'IndexError',
'InterruptedError', 'IsADirectoryError', 'KeyError', 'KeyboardInterrupt', 'LookupError', 'MemoryError',
'ModuleNotFoundError', 'NameError', 'None', 'NotADirectoryError', 'NotImplemented', 'NotImplementedError',
'OSError', 'OverflowError', 'PendingDeprecationWarning', 'PermissionError', 'ProcessLookupError',
'RecursionError', 'ReferenceError', 'ResourceWarning', 'RuntimeError', 'RuntimeWarning', 'StopAsyncIteration',
'StopIteration', 'SyntaxError', 'SyntaxWarning', 'SystemError', 'SystemExit', 'TabError', 'TimeoutError', 'True',
'TypeError', 'UnboundLocalError', 'UnicodeDecodeError', 'UnicodeEncodeError', 'UnicodeError',
'UnicodeTranslateError', 'UnicodeWarning', 'UserWarning', 'ValueError', 'Warning', 'WindowsError',
'ZeroDivisionError', '__build_class__', '__debug__', '__doc__', '__import__', '__loader__', '__name__',
'__package__', '__spec__', 'abs', 'all', 'any', 'ascii', 'bin', 'bool', 'breakpoint', 'bytearray', 'bytes', 'callable', 'chr',
'classmethod', 'compile', 'complex', 'copyright', 'credits', 'delattr', 'dict', 'dir', 'divmod', 'enumerate', 'eval', 'exec',
'exit', 'filter', 'float', 'format', 'frozenset', 'getattr', 'globals', 'hasattr', 'hash', 'help', 'hex', 'id', 'input', 'int', 'isinstance',
'issubclass', 'iter', 'len', 'license', 'list', 'locals', 'map', 'max', 'memoryview', 'min', 'next', 'object', 'oct', 'open', 'ord',
'pow', 'print', 'property', 'quit', 'range', 'repr', 'reversed', 'round', 'set', 'setattr', 'slice', 'sorted', 'staticmethod', 'str',
'sum', 'super', 'tuple', 'type', 'vars', 'zip']
```

函数总是定义在模块之中。在函数内部创建的变量(局部变量)只能在该函数内部使用，它们属于函数的本地作用域(local scope)。对于嵌套函数，习惯上将外层函数的本地作用域称为外围作用域(enclosing scope)。内层函数可以访问在外围作用域中定义的变量，如要在内层函数中对其进行赋值，则需使用 nonlocal 关键字进行声明。

本地作用域、外围作用域、全局作用域和内置作用域，这就是 Python 中变量作用域的全部内容。Python 解释器在执行程序的过程中遇到一个变量，就会依次在这些作用域中查找变量的定义。首先，在当前函数的本地作用域中查找；其次，在嵌套了该函数的函数(外层函数)的本地作用域，即外围作用域中查找；然后，在全局作用域中查找；最后，在内置作用域中查找。在任何一个作用域中找到了变量定义旋即结束查找，如果找遍了四个作用域但仍找不到就报错。

Python 的这种变量作用域查找规则又称 LEGB 规则(由四个作用域英文名的首字母组

合而成)。如图 5-2 所示，LEGB 规则可以被简单地归纳为：首先是本地，然后是外层函数内(如果有外层函数的话)，之后是全局，最后是内置。

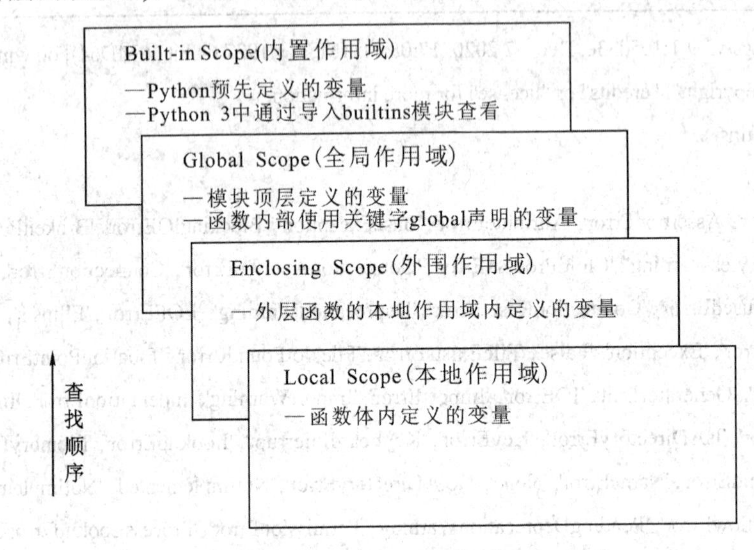

图 5-2　用于查找变量的 LEGB 规则

第6章　迭　　代

程序设计中的“迭代”指的是对一组指令的重复执行，执行过程中每一回合结束的状态被作为下一回合的起始。C 语言中的 for 循环通过一个逐次递增的下标，以索引方式遍历数组就是典型的迭代。相较之下，Python 更加重视迭代，在语言层面上对迭代提供了多种内生的支持，一定程度上提高了迭代的效率和代码的可读性。直观来看，Python 中的列表、元组、字典、文件等对象可以直接放在 for 循环中进行迭代，无须下标索引即可访问对象内部的元素；在技术层面上，这些可以直接进行迭代的对象都属于 Python 中的可迭代对象，内部都实现了一种所谓的迭代协议。Python 一方面隐藏了实现细节，令可迭代对象与循环自然衔接，方便使用；另一方面又提供了丰富的接口工具，供用户创建自己的可迭代对象。除了语法上的便捷外，Python 中的迭代往往还体现出一种所谓的延迟执行或惰性求值的特性：可迭代对象中的元素不会被一次性地创建并一同置于内存中，而是按次序逐步执行，只有当迭代前进到了某个元素时，那个元素才会被创建并返回，由此将整个迭代的内存和时间开销分散到了各个回合，提高了运行效率。

本章介绍 Python 中迭代的特点、可迭代对象和迭代器、生成器函数和生成器表达式，并对相关概念进行辨析。

6.1　Python 中的迭代

Python 中能够用于迭代的对象非常多。将字符串、列表、元组、字典等对象置于 for 循环中，可以逐一访问其中的元素，对这样的操作我们已经屡见不鲜。我们也知道，使用下标索引的方式遍历列表虽然可行，但这并不是 Python 的风格且效率上可能不及直接迭代，在实践中应避免使用。示例如下：

```
>>> items = [1, 2, 3]
>>> for item in items:                    # 可迭代对象可以直接用在for循环中
...     print(item, end=' ')
...
1 2 3 >>>
>>>
>>> for i in range(len(items)):           # 多此一举，不建议这样做
...     print(items[i], end=' ')
...
1 2 3 >>>
```

除了上述列表、元组、字典等用于存储其他对象的容器对象外，任何可以在 for 循环中以“一个回合产生一个值”的形式返回结果的对象都是可迭代的。这包括 range()、map()、reduce()、zip()等内置函数的返回值。这些函数在 Python 2 中都以列表形式返回结果，而在 Python 3 中改为返回可迭代对象。直观上看，用 for 循环遍历一个可迭代对象与遍历列表没有区别。有时为了演示的目的，可以将其转化成列表或元组，从而一次性地获得可迭代对象中所有的值。示例如下：

```
>>> map(lambda x: x**2, [1, 2, 3])
<map object at 0x00000213208455E0>
>>>
>>> for item in map(lambda x: x**2, [1, 2, 3]):
...     print(item, end=' ')
...
1 4 9 >>>
>>>
>>> list(map(lambda x: x**2, [1, 2, 3]))
[1, 4, 9]
```

Python 中的可迭代对象不止于此。以文件操作为例，假设有一个名为 zen.txt 的文本文件，内含 The Zen of Python 的前三行，要读入文件内容并输出。典型的做法是使用 readlines()函数一次性地读入整个文件，再逐行输出；或是反复执行读入一行的操作，直到文件末尾，如下所示：

```
f = open('zen.txt')
for line in f.readlines():
    print(line, end='')
```

```
f = open('zen.txt')
while True:
    line = f.readline()
    if not line:
        break
    print(line, end='')
```

由于文件对象也是可迭代的，因此更好的做法是不将文件一次性地读入内存，也不手动地逐行进行读取，而是直接将文件对象交给 for 循环，由 for 循环遍历文件的内容，如下所示：

```
>>> for line in open('zen.txt'):
...     print(line, end='')
...
Beautiful is better than ugly.
Explicit is better than implicit.
Simple is better than complex.>>>
```

使用这种方式读取文件，程序的运行效率更高、代码更简洁且更符合 Python 的风格，尤其对于超过内存容量的大文件，使用 readlines()将其一次性地读入内存显然不可行，可迭代对象的惰性求值特性在这里就显得十分有用。

由于向普通用户隐藏了实现细节，因此 Python 的迭代十分容易使用。但其背后的原理并不止“将对象放入 for 循环”那样简单，为了弄清楚，我们需要在实现层面上对可迭代对象和迭代器进行辨析。

6.2 可迭代对象和迭代器

前面将 Python 中可以用于迭代的对象笼统地称为可迭代对象。实际上，可迭代对象在 Python 中有所特指：可迭代对象(iterable)都有一个名为__iter__()的方法，调用该方法会返回一个迭代器；而迭代器(iterator)是一种特殊的对象，它有一个名为__next__()的方法，每调用一次__next__()方法，就会返回所对应的可迭代对象中的一个元素，直到没有元素可以返回，就会产生一个名为 StopIteration 的异常。

以对列表对象进行迭代为例，在生成列表对象后，不将其交给 for 循环进行迭代，而是手动模拟迭代过程：首先调用列表对象的__iter__()方法，得到对应的迭代器；然后逐次调用迭代器的__next__()方法，获得列表中的元素，直到列表末尾产生 StopIteration 异常。示例如下：

```
>>> items = [1, 2, 3]
>>> it = items.__iter__()
>>> type(it)
<class 'list_iterator'>
>>> it.__next__()
1
>>> it.__next__()
2
>>> it.__next__()
3
>>> it.__next__()
Traceback (most recent call last):
  File "<stdin>", line 1, in <module>
StopIteration
```

这就是 Python 中所谓的迭代协议：调用对象的__next__()方法会前进到下一个结果，当到达一系列结果的末尾时，就会引发 StopIteration 异常。任何遵循上述迭代协议的对象都被认为是迭代器。

任何可迭代对象都能通过 for 循环或其他迭代工具遍历。实际上，可迭代对象在传入 for 循环后，for 循环会自动地调用其__iter__()方法，得到对应的迭代器，然后在每一回合自动调用迭代器的__next__()方法，并通过捕捉 StopIteration 异常来确定何时结束。

调用可迭代对象的__iter__()方法会返回对应的迭代器，这一点已在上面列表的例子中得到了验证。需要注意的是，有一些可迭代对象的__iter__()方法在调用时会返回对象自身，即这些可迭代对象就是自己的迭代器。文件对象就是这样，注意下例中的对象同一性检测 f is f.__iter__()的结果是 True，证明两者是同一个对象。

```
>>> f = open('zen.txt')
>>> f is f.__iter__()
True
>>> f.__next__()
'Beautiful is better than ugly.\n'
>>> f.__next__()
'Explicit is better than implicit.\n'
>>> f.__next__()
'Simple is better than complex.'
>>> f.__next__()
Traceback (most recent call last):
  File "<stdin>", line 1, in <module>
StopIteration
```

除了文件对象外，内置函数 map()、zip()、filter()等的返回值既是可迭代对象，也是自己的迭代器，这样会导致在遍历这些对象时只会维护一个迭代的状态。例如，下例中先获取了一个 map()返回值的迭代器，并前进至第二个结果，此时如果再创建一个迭代器，会发现其位置与第一个迭代器相同。考虑到本例中可迭代对象就是迭代器，迭代器在内存中始终只有一个，就不难理解这种现象。此外，对于是自己迭代器的可迭代对象，当一次迭代结束后，无法从头开始新一轮的迭代，即它是一次性的。

```
>>> m = map(lambda x: x**2, [1, 2, 3])
>>> it1 = m.__iter__()                  # 获取一个迭代器
>>> it1 is m                            # 可迭代对象是自己的迭代器
True
>>> it1.__next__()
1
>>> it2 = m.__iter__()                  # 获取另一个迭代器
>>> it2.__next__()                      # 第二个迭代器的位置与第一个迭代器相同
4
>>> it1.__next__()
9
>>> it2.__next__()                      # 实际是两个变量it1和it2引用了同一个迭代器对象
Traceback (most recent call last):
```

```
  File "<stdin>", line 1, in <module>
StopIteration
>>>
>>> for x in m: print(x, end=' ')              # 迭代一次后不能再迭代
...
>>>
>>> m = map(lambda x: x**2, [1, 2, 3])
>>> for x in m: print(x, end=' ')              # 除非生成新的可迭代对象
...
1 4 9 >>>
```

对于上面例子中的列表以及下面例子中内置函数 range()的返回结果，可迭代对象和迭代器不是同一个。这样就可以由一个可迭代对象生成多个迭代器，每个迭代器都有自己的状态，互不影响；也可以随时开始新的迭代，只要创建新的迭代器即可。示例如下：

```
>>> r = range(3)
>>> it1 = r.__iter__()                         # 获取一个迭代器
>>> it1 is r                                   # 可迭代对象和迭代器是不同对象
False
>>> it1.__next__()
0
>>> it1.__next__()
1
>>> it2 = r.__iter__()                         # 获取另一个迭代器
>>> it2.__next__()                             # 第二个迭代器从头开始
0
>>> it1.__next__()
2
>>> it1.__next__()
Traceback (most recent call last):
  File "<stdin>", line 1, in <module>
StopIteration
>>> it2.__next__()                             # 第一个迭代器执行结束，第二个迭代器不受影响
1
>>> for x in r: print(x, end=' ')              # 可迭代对象不会耗尽，可以迭代任意多次
...
0 1 2 >>>
```

Python 还提供了两个内置函数 iter()和 next()。其中，iter()接收一个可迭代对象，返回对应的迭代器；next()接收一个迭代器对象，返回对应的可迭代对象中的一个结果，

直至无可返回时产生 StopIteration 异常。实际上，对于可迭代对象 x，将其传给内置函数 iter(x)等同于调用其方法 x.__iter__()；对于迭代器 i，也有 next(i)等同于 i.__next__()。示例如下：

```
>>> x = [1, 2, 3]
>>> i = iter(x)
>>> i is x
False
>>> next(i)
1
>>> i.__next__()
2
>>> next(i)
3
>>> next(i)
Traceback (most recent call last):
  File "<stdin>", line 1, in <module>
StopIteration
```

至此，可以对 Python 中的可迭代对象和迭代器做如下总结：

(1) 可迭代对象实现了__iter__()方法，调用该方法返回一个迭代器。内置函数 iter()有相同的功能，其接收一个可迭代对象，返回一个迭代器。

(2) 迭代器实现了__next__()方法，调用该方法会逐个返回对应的可迭代对象中的一个结果，直至末尾产生 StopIteration 异常。内置函数 next()接收一个迭代器作为参数，有相同的功能。

(3) 所有迭代工具内部都是在每次迭代时调用迭代器的__next__()方法，并通过捕捉 StopIteration 异常来确定何时结束。

(4) 可迭代对象和迭代器可以是两个独立的对象，也可以是同一个。如果互相独立，则一个可迭代对象可以对应多个迭代器，各个迭代器有各自的状态，互不影响，一个可迭代对象可以被从头迭代任意多次；如果可迭代对象就是自己的迭代器，则一个可迭代对象只会对应一个迭代器(实际上就是它自身)，这种可迭代对象只能被迭代一次。

我们也可以创造自己的可迭代对象和迭代器，只要遵循上面列出的规则即可。例如，下面定义了一个类似于列表的可迭代对象以及独立的迭代器。

```
>>> class MyList:
...     def __init__(self, val):
...         self.val = val
...
...     def __iter__(self):
...         print('In MyList.__iter__()')
```

```
...             return MyListIter(self.val)
...
>>> class MyListIter:
...     def __init__(self, list_data):
...             self.list_data = list_data
...             self.index = 0
...
...     def __next__(self):
...             if self.index < len(self.list_data):
...                 val = self.list_data[self.index]
...                 self.index += 1
...                 return val
...             else:
...                 raise StopIteration()
...
>>> ls = MyList([1, 2, 3])
>>> it = iter(ls)
In MyList.__iter__()
>>> next(it)
1
>>> next(it)
2
>>> next(it)
3
>>> next(it)
Traceback (most recent call last):
  File "<stdin>", line 1, in <module>
  File "<stdin>", line 12, in __next__
StopIteration
```

还可以自己定义一个实现斐波那契数列的可迭代对象，它是自己的迭代器。斐波那契数列由 0 和 1 开始，之后的数由之前的两数相加而得。示例如下：

```
>>> class Fibonacci:
...     def __init__(self):
...             self.prev = 0
...             self.curr = 1
...
...     def __iter__(self):
```

```
...             return self
...
...     def __next__(self):
...             value = self.curr
...             self.curr += self.prev
...             self.prev = value
...             return value
...
>>> fib = Fibonacci()
>>> next(fib)
1
>>> next(fib)
1
>>> next(fib)
2
>>> next(fib)
3
```

6.3　生成器表达式

生成器(generator)提供了一种“尽可能延迟创建结果”的工具。Python 中的生成器有两种实现方式，一种是生成器表达式(generator expression)，另一种是生成器函数(generator function)。本节介绍生成器表达式，6.4 节将介绍生成器函数。

从形式上看，生成器表达式类似于 2.1.3 小节介绍过的列表推导式，与列表推导式不同的是，生成器表达式使用圆括号作为左右界定符。示例如下：

```
>>> (i**2 for i in range(3))
<generator object <genexpr> at 0x000001B37BF34970>
```

初学者往往将生成器表达式认作“元组推导式”。实际上，Python 中并不存在“元组推导式”，这种用圆括号做界定符的语法返回的不是元组，而是一个生成器对象。生成器对象一样是可迭代的，也提供了__next__()方法。使用 for 循环遍历一个生成器对象与遍历一个列表在表面上看没有差异，但生成器表达式采用了惰性计算(或称延时求值)机制。当序列较长且每次只需要获取一个元素时，应该优先考虑使用生成器表达式。示例如下：

```
>>> g = (i**2 for i in range(3))
>>> type(g)
<class 'generator'>
>>> g.__iter__() is g
```

```
True
>>> g.__next__()
0
>>> g.__next__()
1
>>> g.__next__()
4
>>> g.__next__()
Traceback (most recent call last):
  File "<stdin>", line 1, in <module>
StopIteration
>>>
>>> for x in (i**2 for i in range(3)):
...     print(x, end=' ')
...
0 1 4 >>>
```

6.4　生成器函数

本节介绍生成器函数。在深入介绍生成器函数语法细节之前，首先用一个例子说明生成器函数的作用。假设我们接到一个任务，要求编写一个函数，接收一个自然数的列表，返回其中所有的素数(素数是大于 1 的整数中只能被 1 和它本身整除的数)。我们于是写出了如下代码：

```
import math

def is_prime(num):
    if num > 1:
        if num == 2:
            return True
        if num % 2 == 0:
            return False
        for i in range(3, int(math.sqrt(num) + 1), 2):
            if num % i == 0:
                return False
        return True
    return False
```

```
def get_primes(nums):
    primes = []
    for num in nums:
        if is_prime(num):
            primes.append(num)
    return primes
```

现在需求发生了一些变化，要求根据用户指定的一个起始值输出大于该起始值的所有素数，这实际上是要输出无限个素数。很明显，上例中的函数对此无能为力。该问题的症结在于函数在执行过程中只有一次机会使用 return 语句来一次性地返回值，而一次性返回的列表无法包含无限个素数。

但是，如果不是这样呢？以上例中的 get_primes()函数来说，如果每次调用该函数都返回下一个素数，就不需要在函数内部使用列表收集所有已经找到的素数，也就不会有内存不够的问题。顺着该思路，可以写出如下函数：

```
def get_primes(start):
    while True:
        if is_prime(start):
            return start
        start += 1
```

可是这并没有解决问题：上述函数会在找到第一个大于起始值的素数后返回并结束执行，第二次调用时又会从头开始。而我们需要的是这样一种函数：它在返回一个值后可以保持状态，随后可以从上一次返回的地方开始继续执行。使用 return 语句的普通函数很明显做不到这一点。

于是有了生成器函数，其写法类似于普通函数，只是在需要返回值的地方用关键字 yield 代替了普通函数中的 return。运行生成器函数会创建生成器对象，正如 6.3 节所述，生成器对象是可迭代的，其相应的__iter__()方法和__next__()方法由 Python 自动生成。当生成器函数执行到 yield 语句时，生成器函数的状态会被“冻结”，即保存所有变量的值并记录所要执行的下一行代码，直到再次调用__next__()方法(或使用内置函数 next())才会“解冻”。示例如下：

```
>>> def generator_func():
...     yield 1
...     yield 2
...     yield 3
...
>>> type(generator_func)
<class 'function'>
>>> g = generator_func()
```

```
>>> type(g)
<class 'generator'>
>>> next(g)
1
>>> next(g)
2
>>> next(g)
3
>>> next(g)
Traceback (most recent call last):
  File "<stdin>", line 1, in <module>
StopIteration
```

让我们使用生成器函数重写生成无限个素数的 get_primes()函数。注意，下例函数体内的 while True 循环用于确保永远不会到达函数末尾，只要调用所创建的生成器对象的 __next__()方法，就会生成下一个值。这种 while True 循环是生成器函数中惯用的模式。

```
def get_primes(start):
    while True:
        if is_prime(start):
            yield start
        start += 1
```

使用新编写的生成器函数计算 100 万之内素数的和，可以很快得到结果，如下所示：

```
>>> total = 0
>>> for n in get_primes(2):
...     if n < 1000000:
...         total += n
...     else:
...         print(total)
...         break
...
37550402023
```

第7章　面向对象程序设计

面向对象程序设计（Object Oriented Programming，OOP）思想主要针对大型软件设计开发提出，能够很好地支持设计和代码复用，提高程序的可维护性和可扩展性。面向对象程序设计的一个关键之处是将数据以及对数据的操作封装在一起，组成一个不可分割的整体，即对象。对于相同类型的对象进行概括和抽象，所得的共同特征就形成了类，由已有的类还可以很容易地构建出新的类。如何合理地定义类和组织类之间的关系是面向对象程序设计的另一个关键问题。利用面向对象程序设计提供的封装、继承、多态等功能和特性以及消息传递机制，编程人员可以像搭积木一样快速地构建一个软件系统，大大提高了软件开发和维护的效率。Python 采用了面向对象程序设计的思想，是真正的面向对象程序设计语言。与 C++、Java 等为了实现大而全的功能而加入了很多特性的语言相比，Python 的面向对象语法简单而纯粹，不仅易学易用，在功能方面也毫不逊色。

本章首先介绍 Python 中面向对象编程的基本语法，然后通过一个例子，由浅入深地展示面向对象程序设计的要素及其在 Python 中的实现方式。

7.1　类代码编写基础

Python 中的一切都是对象。整数、字符串、列表、字典都是对象，甚至已介绍过的函数和将要讲到的类也是对象。编写面向对象程序的基本流程就是在已有类的基础上根据需求创建新的类，再由所创建的类生成实例对象，最后通过调用实例对象的方法来完成任务。以下简要介绍相关的 Python 语法。

7.1.1　定义类的基本语法

在面向对象程序设计中，类(class)是对具有共同属性和行为的对象的抽象，是对一类事物共性的描述。Python 中定义类需使用关键字 class，后跟类名和冒号。类名中单词的首字母习惯上要大写，即使用所谓的 CamelCase。冒号后是换行和缩进，之后的代码用于实现类的具体功能。习惯上将在类的内部定义的变量和函数分别称为属性(attribute)和方法(method)，其中方法的函数头部必须有一个名为 self 的形参，即使方法的函数体内部有时候看起来并没有用到这个 self 参数。示例如下：

```
class MyClass:
    i = 1
```

```
    def set_value(self, j):
        self.j = j

    def show_msg(self):
        return 'spam'
```

上例中用于定义 MyClass 的代码块在执行后会在内存中生成一个类对象，一般将类对象简称为类。有了类之后，可以通过调用类来创建任意多个实例对象，简称实例(instance)。类是抽象的概念，是创建实例时依据的模板；每个实例都有由类规定的相同的方法，但各自的属性值(数据)可以不同。

在定义类时经常会添加一个名为__init__()的方法，它会在由类创建实例对象时被 Python 自动调用，用于初始化类的成员变量，相当于 C++中的构造函数。示例如下：

```
class MyClass:
    i = 1

    def __init__(self, j=2):
        self.j = j

    def set_value(self, j):
        self.j = j

    def show_msg(self):
        print('MyClass(j=%d)' % self.j)
```

由类创建实例之后，可以使用形如 instance.method()的方式调用名为 method()的方法，调用时无须对 self 参数赋值，Python 会自动处理 self 参数。也可以使用形如 instance.attribute 的方式访问属性 attribute。示例如下：

```
>>> a = MyClass()
>>> b = MyClass(3)
>>> a.show_msg()
MyClass(j=2)
>>> b.show_msg()
MyClass(j=3)
>>> b.set_value(4)
>>> b.j
4
>>> a.j
```

```
2
>>> a.i
1
>>> b.i
1
```

可以使用Python的内置函数isinstance()测试一个对象是否为某个类的实例。示例如下：

```
>>> c = MyClass()
>>> isinstance(c, MyClass)
True
>>> isinstance(c, int)
False
```

7.1.2　类属性和实例属性

7.1.1 小节在介绍定义类的语法时，曾将在类中定义的变量统一称为属性。但是，根据变量(属性)出现的位置不同，其还有进一步的区别。

```
class MyClass:
    i = 1

    def __init__(self, j):
        self.j = j
```

习惯上将类似于上例中 i = 1 这样的定义在方法之外的属性称为类属性(class attribute)；而将类似于 self.j 这样的在方法之中定义，且含有 self 和点号运算符的属性称为实例属性(instance attribute)。

类属性一般通过类对象访问，也可以通过由类创建的实例对象访问；而实例属性只能通过实例对象访问。下例由前面定义的 MyClass 类生成了一个实例对象，再用不同的方式访问类属性和实例属性，请读者加以比较。

```
>>> c = MyClass(2)
>>> MyClass.i          # 类对象访问类属性
1
>>> c.i                # 实例对象访问类属性
1
>>> c.j                # 实例对象访问实例属性
2
```

```
>>> MyClass.j          # 类对象不能访问实例属性
Traceback (most recent call last):
  File "<stdin>", line 1, in <module>
AttributeError: type object 'MyClass' has no attribute 'j'
```

类属性为类对象所有，在由类生成的多个实例对象之间共享，因此常用于保存一些共有的属性。例如，为了创建一个“Python 机器人”，首先要确保它们都遵循“机器人三定律”。既然该定律对所有机器人都适用，就应该将其设置为类属性，而具体机器人的名字、型号等就是实例属性。示例如下：

```
class Robot:
    three_laws = (
        """A robot may not injure a human being or, through inaction, allow a human being to
come to harm.""",
        """A robot must obey the orders given to it by human beings, except where such orders
would conflict with the First Law.""",
        """A robot must protect its own existence as long as such protection does not conflict
with the First or Second Law."""
    )

    def __init__(self, name, model):
        self.name = name
        self.model = model
```

实例属性为类的实例所有，对于两个不同的实例对象，实例属性通常是不同的，而类属性是一致的。需要注意的是，虽然类属性可以通过实例对象以 instance.class_attribute 的形式访问，但最好的办法还是通过类对象以 Class.class_attribute 的形式访问，因为这样更符合“类属性属于类对象”这一本意。尤其是当要修改类属性的值时，只能通过类对象进行；如果对 instance.class_attribute 赋值，实际上是创建了一个新的名为 class_attribute 的实例属性，而原类属性不受影响。示例如下：

```
>>> r1 = Robot('C-3PO', 'mechanic')
>>> r2 = Robot('RoboCop', 'bionic')
>>> r1.name
'C-3PO'
>>> r2.name
'RoboCop'
>>> r1.three_laws = '%#@^&!'
>>> r1.three_laws
```

```
'%#@^&!'
>>> r2.three_laws[0]
'A robot may not injure a human being or, through inaction, allow a human being to come to harm.'
>>> Robot.three_laws[0]
'A robot may not injure a human being or, through inaction, allow a human being to come to harm.'
```

需要说明的是，属性有类属性和实例属性之分，方法亦然。以上例子中含有 self 参数的方法被称为实例方法。由于实例方法是最常用的方法，因此 7.1.3 小节将对其进行介绍，其他方法将在第 8 章介绍。

7.1.3　实例方法和形参 self

实例方法(instance method)都有一个位于参数列表第一位的名为 self 的形参，当实例对象调用实例方法时，Python 会自动地将实例对象传递给这个 self 参数。也就是说，在实例方法内部，self 参数指代的就是调用该方法的主体，即实例对象本身。通过 self 参数可以访问实例对象的实例属性，或调用其他实例方法。

通过实例对象调用实例方法，如 instance.method(arg1, arg2, …)，等同于通过类对象进行调用，即 Class.method(instance, arg1, arg2, …)。注意，此处的第一个参数 instance 必须是由类 Class 生成的实例对象。实际上，在调用过程中，Class.method(instance, arg1, arg2, …)中的第一个参数 instance 就是被 Python 自动地赋给了实例方法 method 的第一个形参 self。请读者参照下例仔细体会。

```
>>> class MyClass:
...     def __init__(self, value):
...         self.value = value
...
...     def show(self):
...         print(self.value)
...
>>> c = MyClass(1)
>>> c.show()            # 通过实例对象调用实例方法
1
>>> MyClass.show(c)     # 通过类对象调用实例方法
1
>>> MyClass.show()      # 必须将实例对象作为第一个参数传入，否则会出错
Traceback (most recent call last):
  File "<stdin>", line 1, in <module>
TypeError: show() missing 1 required positional argument: 'self'
```

在类中定义实例方法时将第一个形参命名为 self 只是一个习惯，实际上可以使用任何合法的变量名，但在实践中要坚持使用 self 这个约定俗成的名字。

7.1.4　继承简介

作为交通工具的汽车细分起来包罗甚广，如乘用车、卡车、大客车等都是汽车，它们既有汽车的共同特点(如都有车轮)，又有各自的独特之处(如乘用车载人，卡车载货)。在现实世界中，类似于这种一般类包含特殊类、特殊类与一般类相似却又有所不同的例子举不胜举。为了表示这种类型间的层次关系，更为了在编写代码时可以利用已有类型创建新类型，面向对象程序设计引入了继承的概念。

继承(inheritance)就是直接获得已有类型的属性和方法，同时对其加以拓展，以产生新的类型的过程。习惯上称原有类型为父类或超类(superclass)，通过继承而得的新类型为子类(subclass)。在上例中，“乘用车”继承自通用概念的“汽车”，“乘用车”是“汽车”的子类，而“汽车”是“乘用车”的超类。

习惯上使用 UML(Unified Modeling Language，统一建模语言)图表示类之间的继承关系。如图 7-1 所示，用矩形框代表类，框内除了类名外，还可以标注属性和方法；超类在上，子类在下，子类通过箭头指向其超类。

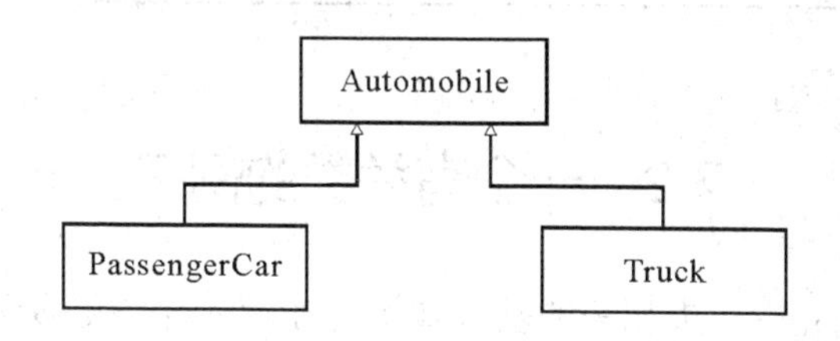

图 7-1　表示类之间继承关系的 UML 图

要在 Python 中使用继承由已有类创建新类，只需在定义新类时按照形如 class SubClass(SuperClass)的形式将所继承的超类名写在括号中，新创建的子类就可以通过继承获得超类所有的属性和方法，也可以增加超类没有的属性和方法，还可以重新定义超类已有的属性和方法，从而获得与超类不同的功能。以下是“汽车”例子的简单实现，注意子类的构造函数调用了超类的构造函数，相关细节会在 7.2 节中说明。

```
class Automobile:
    def __init__(self, wheels):
        self.wheels = wheels

    def drive(self):
        pass

class PassengerCar(Automobile):
    def __init__(self, wheels, seats):
```

```
        Automobile.__init__(self, wheels)
        self.seats = seats

class Truck(Automobile):
    def __init__(self, wheels, load):
        Automobile.__init__(self, wheels)
        self.load = load
```

Python 支持多重继承，可以在子类定义的括号中为其指定多个超类。下例定义了一个“水路两栖车”，它同时继承了“汽车”和“汽艇”的属性，因此既有轮子又有推进器，还有一个属于自己的、用于防止发动机进水的通气管。

```
class AmphiCar(Automobile, Boat):
    def __init__(self, wheels, propeller, breather):
        Automobile.__init__(self, wheels)
        Boat.__init__(self, propeller)
        self.breather = breather
```

7.2 一个有关类的例子

7.1 节介绍了 Python 中与类相关的基础知识，在深入介绍更多语法细节之前，首先给出一个编写类代码的具体例子，用以说明面向对象程序设计中的几个关键概念[1]。

本节将构建两个类来记录和处理有关公司人员的信息。其中，Employee 类用于表示和处理有关公司雇员的信息；Manager 类继承自 Employee 类，用于表示和处理有关经理的信息(经理也是公司的雇员)。除了定义类外，我们还将创建类的实例，并测试它们的功能。

7.2.1 定义类

首先定义表示公司雇员的 Employee 类，它有三个实例属性，分别用于记录雇员的姓名、职务和薪酬。习惯上借用实例属性的名字为构造函数的形参命名。例如，下例中用于初始化实例属性 self.name 的形参被命名为 name，这样做既节省了变量名，又提高了可读性。

```
class Employee:
    def __init__(self, name, job=None, pay=0):
        self.name = name
        self.job = job
        self.pay = pay
```

1 该例参考了 Mark Lutz 所著 *Learning Python, 5th Edition*。

定义好 Employee 类之后，在 Python 交互环境中创建两个实例对象，进行一些测试，如下所示：

```
>>> li = Employee('Li Lei')
>>> han = Employee('Han Meimei', 'dev', 10000)
>>> print(li.name, li.job, li.pay)
Li Lei None 0
>>> print(han.name, han.job, han.pay)
Han Meimei dev 10000
>>> print(li.name.split()[0])        # 从人名中提取姓
Li
>>> han.pay *= 1.2                   # 薪酬增加20%
>>> print(han.pay)
12000.0
```

7.2.2 封装

以上对 Employee 类的实例进行的测试是一些常规操作，在交互环境中一次性地输入这些测试语句不利于代码的维护和复用。其改进办法是使用封装(encapsulation)的思想，把操作逻辑包装到类中，对外隐藏实现细节。

具体做法是，把操作实例对象的代码放在类定义中，使其成为类的实例方法。7.1.3 小节已经介绍过，类的实例方法只不过是在类中定义，旨在处理类的实例对象的函数，它有一个名为 self 的形参。实例对象是实例方法调用的主体，会被自动地传递给实例方法的 self 形参。下例中的 surname()和 give_raise()就是 Employee 类的实例方法。

```
class Employee:
    def __init__(self, name, job=None, pay=0):
        self.name = name
        self.job = job
        self.pay = pay

    def surname(self):
        return self.name.split()[0]

    def give_raise(self, percent):
        self.pay = int(self.pay * (1 + percent))
```

把对类属性的操作放入类定义中，形成类的实例方法，使得这些操作可以用于类的任何实例对象，可以减少代码冗余，方便维护。

7.2.3　运算符重载

到目前为止，Employee 实例对象的默认显示方式是输出其在内存中的地址，可是一长串的十六进制数对我们并没有多大用处。

```
>>> li = Employee('Li Lei')
>>> print(li)
<__main__.Employee object at 0x0000000002A44EB0>
```

为了显示诸如属性值这样的有用信息，我们可以定义一个名为__str__()的方法，它接收一个 self 参数，返回一个字符串。该__str__()方法会在使用 print()输出对象信息时被 Python 自动调用。这样一来，只要在__str__()方法内部定制返回的字符串，就可以实现显示丰富信息的目的。示例如下：

```
class Employee:
    def __init__(self, name, job=None, pay=0):
        self.name = name
        self.job = job
        self.pay = pay

    def surname(self):
        return self.name.split()[0]

    def give_raise(self, percent):
        self.pay = int(self.pay * (1 + percent))

    def __str__(self):
        return '[Employee: %s, %s]' % (self.name, self.pay)
```

类似于__str__()这样的以双下画线命名的方法前面已经介绍多个，如构造函数__init__()、可迭代对象的__iter__()、迭代器的__next__()等。这样的方法有特殊的含义：它们由 Python 预先设置，当出现在用户定义的类中时，可以拦截特定的内置操作(如打印输出、初始化等)以及运算符操作(如+、－、==等)。这里所谓的拦截指的是当类的实例对象被用于特定的内置操作以及运算符表达式中时，Python 就会自动地调用相应的特殊方法，并将特殊方法的返回值作为内置操作或运算符表达式的结果。习惯上将出现在用户定义的类中的这些特殊方法称为运算符重载(operator overloading)。表 7-1 列出了一些这样的特殊方法。

表 7-1　用于运算符重载的特殊方法

方　法	功能说明
__init__()	构造函数，生成对象时调用
__del__()	析构函数，释放对象时调用
__add__()	+

续表

方　　法	功 能 说 明
__sub__()	–
__mul__()	*
__div__()__、truediv__()	/
__floordiv__()	整除
__mod__()	%
__pow__()	**
__cmp__()	比较运算
__repr__()	对象的字符串表示
__setitem__()	按照索引赋值
__getitem__()	按照索引获取值
__len__()	计算长度
__call__()	函数调用
__contains__ ()	测试是否包含某个元素
__eq__()、__ne__()、__lt__()、__le__()、__gt__()	==、!=、<、<=、>
__str__()	对象的字符串表示
__lshift__()	<<
__and__()	&
__iadd__()	+=

Python 为一部分特殊方法提供了默认实现。例如，构造函数__init__()在创建对象时会被自动调用执行，如果用户没有定义自己的构造函数__init__()，Python 将提供一个默认的构造函数以进行初始化工作；类似的还有析构函数__del__()，它在 Python 删除对象和回收资源时被自动调用，如果用户没有编写析构函数，Python 将提供一个默认的析构函数。

但对于表 7-1 中的大部分方法，Python 并不提供默认实现，这些方法主要包括__add__()、__sub__()等与运算符相对应的方法。当对象参与“+”运算时，实际调用的是对象的__add__()方法。由于 Python 不提供__add__()的默认实现，因此用户如不在自己定义的类中实现该方法，类的实例对象就无法进行“+”运算。这实际上是有意为之，因为类似于“+”这样的运算并不是对所有对象都有意义(很难说将两个 Employee 对象相加有什么用)，还是将其留给真正需要这样运算的类去自己实现更为合理。

```
>>> li = Employee('Li Lei')
>>> han = Employee('Han Meimei', 'dev', 10000)
>>> li + han
Traceback (most recent call last):
```

```
  File "<stdin>", line 1, in <module>
TypeError: unsupported operand type(s) for +: 'Employee' and 'Employee'
```

如果要使 Employee 对象可以用于“+”运算，就必须像下例这样在 Employee 类中通过定义__add__()方法来重载“+”运算符。注意，__add__()方法的第一个形参 self 代表调用该方法的实例对象本身，第二个形参 other 代表参与“+”运算的另一个对象，这两个形参是 Python 预先规定的，用户在重载运算符时不能删减。

```
class Employee:
    def __init__(self, name, job=None, pay=0):
        self.name = name
        self.job = job
        self.pay = pay

    def surname(self):
        return self.name.split()[0]

    def give_raise(self, percent):
        self.pay = int(self.pay * (1 + percent))

    def __add__(self, other):
        return Employee('%s & %s' % (self.name, other.name))

    def __str__(self):
        return '[Employee: %s, %s]' % (self.name, self.pay)
```

重载了__add__()方法后，就可以对 Employee 对象进行如下所示的“+”运算。注意，该例子仅作演示之用，将两个 Employee 对象相加并无意义，换言之，Employee 对象本不应该支持“+”运算。在实践中，除了构造函数、对象的字符串表示等常用方法外，只有当类的实例对象需要以类似于 Python 内置类型的形式参与内置运算时才应进行运算符重载，不可滥用。

```
>>> li = Employee('Li Lei')
>>> han = Employee('Han Meimei', 'dev', 10000)
>>>
>>> li + han
<__main__.Employee object at 0x000001DBD6974A30>
>>> print(li + han)
[Employee: Li Lei & Han Meimei, 0]
```

仔细观察上例会发现，Employee 的实例对象在 Python 交互环境中仍会以一长串地址的形式显示，只有在 print()函数中才会使用我们定制的显示方式。这提醒我们在定制对象的字符串表示时需要注意一点：重载__str__()方法只对 print()函数有效，而对象在交互环境中仍会以默认的地址字符串的形式显示。要定制对象在交互环境中的显示方式，需要重载__repr__()方法。示例如下：

```
class Employee:
    def __init__(self, name, job=None, pay=0):
        self.name = name
        self.job = job
        self.pay = pay

    def surname(self):
        return self.name.split()[0]

    def give_raise(self, percent):
        self.pay = int(self.pay * (1 + percent))

    def __str__(self):
        return '[Employee: %s, %s, %s]' % (self.name, self.job, self.pay)

    def __repr__(self):
        return 'Employee(%r, %r, %r)' % (self.name, self.job, self.pay)
```

在交互环境中运行以上代码，结果如下：

```
>>> han = Employee('Han Meimei', 'dev', 10000)
>>> print(han)
[Employee: Han Meimei, dev, 10000]
>>> han
Employee('Han Meimei', 'dev', 10000)
```

作为同样返回对象的字符串表示的两种方法，__str__()和__repr__()的区别如下：print()函数会首先尝试调用对象的__str__()方法，__repr__()方法用于所有其他的环境中。换言之，__repr__()方法用于任何地方，除了当用户已经重载了一个__str__()方法时。此外，交互模式下只会使用__repr__()方法，此时即使重载了__str__()方法也不会被用到。

7.2.4　继承

前面已经定义了表示公司雇员的 Employee 类，现在还要定义一个 Manager 类，用于代表经理。经理也是公司雇员，自然拥有雇员的所有属性。但是，当涨薪酬时经理会“不公平地”比普通雇员多获得 10%的额外奖金。使用面向对象程序设计中的继承来表达普通雇员和特殊雇员——经理之间的关系非常适合。示例如下：

```
class Manager(Employee):
    def give_raise(self, percent, bonus=0.1):
        self.pay = int(self.pay + (1 + percent + bonus))
```

为了在子类中定制继承自超类的方法，以上的 Manager 类“复制粘贴”了 Employee 类中 give_raise()方法的代码，再在其上进行了“修修补补”。这样做虽然可行，但不是一个好办法，因为处理涨薪酬的代码出现在了两个地方，一旦涨薪酬的方法变化(改变了 Employee 类的 give_raise()方法)，就必须修改两处代码。更好的办法是在子类中直接调用超类的方法，这样一来，give_raise()方法的核心代码就只出现在 Employee 类中，便于维护。示例如下：

```
class Manager(Employee):
    def give_raise(self, percent, bonus=0.1):
        Employee.give_raise(self, percent + bonus)
```

写一段代码测试 Manager 类的 give_raise()方法，结果如下，验证了经理在涨薪酬时的确有 10%的额外加成。

```
>>> polly = Manager('Poll Parrot', 'mgr', 10000)
>>> polly
Employee('Poll Parrot', 'mgr', 10000)
>>> polly.give_raise(0.1)
>>> polly
Employee('Poll Parrot', 'mgr', 12000)
```

7.2.5　重载与重写

7.2.3 小节介绍的运算符重载(operator overloading)允许我们通过在类中实现一些具有特殊名称的方法来自行定义一些基于操作符的行为(如算术运算、对象的字符串表示等)。实际上，重载(overloading)这一操作不仅仅局限于运算符，而是对任何方法都适用。此外，面向对象编程中还有一种称为重写(overriding)的操作。重载与重写容易混淆，因此本小节对它们进行区分，重点突出 Python 对二者的支持与实现。

1. 重载

严格意义上的重载常见于 C++、Java 等程序设计语言中，指的是定义多个名称相同，而参数类型或参数数量不同的函数，在调用时通过传入不同类型或数量的参数加以区分。例如，以下的 C++程序分别通过不同类型的参数和不同数量的参数重载了函数 func1()和 func2()。

```
#include <stdio.h>

using namespace std;

int func1(int n) {
    return n + 1;
}

double func1(double n) {
    return n + 1;
}

int func2(int n) {
    return n + 1;
}

int func2(int n, int m) {
    return n + m + 1;
}

int main() {
    cout << func1(1) << func1(3.14) << endl;
    cout << func2(1) << func2(1, 2) << endl;
    return 0;
}
```

而在 Python 中，函数的参数都是通过引用传递的，我们无法也无须为参数指定类型。如下所示，我们仅需编写一个 Python 函数即可处理多种类型的对象，当对象不支持相应的操作时，就会在运行时引发异常。

```
>>> def func(n):
...     return n + 1
...
>>> func(1)
2
>>> func(3.14)
4.140000000000001
```

我们也无法定义多个名称相同但参数个数不同的 Python 函数，如下所示，在 Python

中后定义的函数会替代先定义的函数，即使它们有数量不同的参数。

```
>>> def func(n):
...     return n + 1
...
>>> def func(n, m):
...     return n + m + 1
...
>>> func(1)
Traceback (most recent call last):
  File "<stdin>", line 1, in <module>
TypeError: func() missing 1 required positional argument: 'm'
>>> func(1, 2)
4
```

由此可见，Python 并不支持像 C++那样的重载。但要在 Python 中实现类似的功能也很简单，只需使用函数默认参数或可变参数即可。示例如下：

```
def func1(n, m=None):
    if m is None：
        return n + 1
    else:
        return n + m + 1

def func2(*n):
    from functools import reduce
    return reduce(lambda x, y: x + y, n) + 1
```

2. 重写

方法重写(method overriding)或称方法覆盖，是面向对象程序设计语言的一种特性，它允许在子类中对超类已经定义好的方法提供特定实现。子类中的实现通过提供与超类中的方法具有相同名称、相同参数以及相同返回类型的方法来覆盖超类中的实现。

在 Python 中，子类自动调用的是重写后的方法，这时超类中的原方法会被覆盖。但是，超类中的原方法仍可通过超类对象访问，此时需要将子类的实例对象作为参数传入，如下所示：

```
>>> class Employee:
...     def work(self):
...         print('Do the work')
...
```

```
>>> class Manager(Employee):
...     def work(self):
...         print('Do the talk')
...
>>> empl = Employee()
>>> empl.work()
Do the work
>>> mgr = Manager()
>>> mgr.work()
Do the talk
>>> Employee.work(mgr)
Do the work
```

为了在重写方法时调用超类中的方法，可以显式地写出超类名，也可以使用内置函数super()来引用超类。下例演示了这两种方法，它们的效果相同，有关super()的详细内容见8.5节。

```
>>> class Employee:
...     def work(self):
...         print('Do the work')
...
>>> class Manager(Employee):
...     def work(self):
...         Employee.work(self)
...         super().work()
...         print('Do the talk')
...
>>> mgr = Manager()
>>> mgr.work()
Do the work
Do the work
Do the talk
```

值得注意的是，面向对象程序设计中的重写规定子类方法要有与超类方法相同的名称、参数和返回类型，C++、Java等语言符合这一规定，但Python不是，Python中的子类方法只要与超类方法保持名称一致就是重写。示例如下：

```
>>> class Employee:
...     def work(self):
...         print('Do the work')
...
```

```
>>> class Manager(Employee):
...     def work(self, duration):
...         print('Do the talk', duration)
...
>>> mgr = Manager()
>>> mgr.work()
Traceback (most recent call last):
  File "<stdin>", line 1, in <module>
TypeError: work() missing 1 required positional argument: 'duration'
>>> mgr.work('all day long')
Do the talk all day long
```

常见的做法是在超类方法已有参数的基础上为重写的方法添加额外参数，并为其提供默认值，7.2.4 小节中重写的 give_raise()方法就是一例。

7.2.6　定制构造函数

到目前为止，当由 Manager 类创建实例对象时，必须指定参数 job='mgr'，这显得有些多余，毕竟类名 Manager 已经指示了其职务是经理。因此，我们希望在创建 Manager 实例对象时可以自动填入参数 job='mgr'。

为此，可以在 Employee 类中对继承自超类的构造函数进行定制。为了保证子类的构造函数会执行超类构造时的逻辑，需要在子类的构造函数中通过类对象调用超类的构造函数。注意，这里使用了内置函数 super()来引用超类，而不是显式地指定其名称，从而使代码更易维护，如下所示：

```
class Manager(Employee):
    def __init__(self, name, pay=0):
        super().__init__(name, 'mgr', pay)

    def give_raise(self, percent, bonus=0.1):
        super().give_raise(percent + bonus)
```

7.2.7　多态

让我们在交互环境中测试目前已完成的 Employee 类和 Manager 类。如下所示，在 for 循环中两次调用了 give_raise()方法，Python 会根据 obj 是 Employee 对象还是 Manager 对象自动调用相应的 give_raise()方法。一个操作的意义取决于被操作对象的类型，这种依赖类型的行为称为多态(polymorphism)。

```
>>> han = Employee('Han Meimei', 'dev', 10000)
>>> polly = Manager('Poll Parrot', 10000)
>>> for obj in (han, polly):
...     obj.give_raise(0.1)
...     print(obj)
...
[Employee: Han Meimei, dev, 11000]
[Employee: Poll Parrot, mgr, 12000]
```

多态与封装、继承一起并称为面向对象程序设计的三大特性。借助于多态，我们可以为不同类型的对象设计接口相同的操作，操作本身会根据对象类型的不同表现出不同的行为。当面向对象程序运行时，相同的消息可能会传递给不同类型的对象，系统会依据对象的类型引发在对应类中定义的方法，从而表现出不同的行为。

7.2.8　内省

目前为止，使用 print()函数输出 Manager 类的实例对象时总会显示字符串 'Employee'，如下所示：

```
>>> polly = Manager('Poll Parrot', 10000)
>>> print(polly)
[Employee: Poll Parrot, mgr, 10000]
```

这是由于 Manager 类继承了 Employee 类的__str__()方法，而 Employee 类的__str__()方法规定了这样的显示方式。Manager 也是一种 Employee，输出 Manager 类的实例对象时显示字符串 'Employee' 完全正确。

但是，如果想更精确一些，在输出 Manager 类的实例对象时显示字符串 'Manager'，该如何做？当然，我们可以在 Manager 类定义里重载__str__()方法。但除此之外，能否换一个思路，想办法让实例对象知道自己的类型信息？

内省(introspection)是指程序在运行时检查对象类型的一种能力，也称为运行时类型检查。面向对象的程序设计语言有这个特性。Python 提供了可用于实现内省的工具，它们是类的一些特殊属性和函数，允许我们访问对象实现的一些内部机制，如实例对象的__class__属性、__dict__属性等。

```
>>> polly = Manager('Poll Parrot', 10000)
>>> polly.__class__
<class '__main__.Manager'>
>>> polly.__class__.__bases__
(<class '__main__.Employee'>,)
>>> polly.__class__.__name__
```

```
'Manager'
>>> polly.__dict__
{'name': 'Poll Parrot', 'job': 'mgr', 'pay': 10000}
```

以下定义一个通用显示工具类，注意其使用了内置函数 getattr(object, name)来获取对象 object 的名为 name 的属性值，这里的 name 必须是字符串。如果该字符串是对象 object 的属性之一，则返回该属性的值。例如，getattr(x, 'spam')等同于 x.spam。如果指定的属性不存在，则会引发 AttributeError 异常。

```
class AttrDisplay:
    def gather_attrs(self):
        attrs = []
        for key in sorted(self.__dict__):
            attrs.append('%s=%s' % (key, getattr(self, key)))
        return ', '.join(attrs)

    def __str__(self):
        return '[%s: %s]' % (self.__class__.__name__, self.gather_attrs())
```

我们定义的 Employee 类可以通过继承 AttrDisplay 类来获得其所有的功能，以下是最终版本的 Employee 类和 Manager 类：

```
class Employee(AttrDisplay):
    def __init__(self, name, job=None, pay=0):
        self.name = name
        self.job = job
        self.pay = pay

    def surname(self):
        return self.name.split()[0]

    def give_raise(self, percent):
        self.pay = int(self.pay * (1 + percent))

class Manager(Employee):
    def __init__(self, name, pay=0):
        super().__init__(name, 'mgr', pay)

    def give_raise(self, percent, bonus=0.1):
        super().give_raise(percent + bonus)
```

在交互环境中进行一些测试，如下所示：

```
>>> han = Employee('Han Meimei', 'dev', 10000)
>>> print(han)
[Employee: job=dev, name=Han Meimei, pay=10000]
>>> polly = Manager('Poll Parrot', 10000)
>>> print(polly)
[Manager: job=mgr, name=Poll Parrot, pay=10000]
```

值得注意的是，以上用于演示内省功能的 AttrDisplay 类可被视为一个通用工具，可以通过继承将其“混合”到任何类中，从而可以在派生类中方便地使用 AttrDisplay 类定义的显示功能，这正是面向对象程序设计在代码重用方面的强大之处。

第8章 类相关语法简介

第 7 章介绍了面向对象程序设计思想和在 Python 中的相关实现。Python 用于类定义、封装、继承、重载等的语法简单易用，可供用户编写基本的面向对象代码。但是，Python 中与类相关的语法不止于此，前面已经介绍了用于处理实例对象的实例方法，与之相对应的，还有供类对象调用的、专门处理类属性的静态方法和类方法，它们适用于处理与类而不是实例相关的属性。与 C++、Java 等面向对象程序设计语言相比，Python 在类相关语法方面有其独到之处。例如，Python 中的类没有其他语言中常见的私有和公有属性，没有用于访问控制的 private、public 等关键字，也没有在类中定义的 getter 和 setter 方法，但正如下文所述，Python 无不以简洁明了的其他方式实现了类似的功能，论使用的便捷性与其他语言相比有过之而无不及。Python 的使用者不应局限于基本语法，而应努力掌握包括本章内容在内的 Python 特性，编写出功能正确且具有 Python 独特风格的程序。

受篇幅所限，本章无法详述 Python 中与类相关的所有语法细节，在此仅简要介绍静态方法、类方法、函数装饰器、变量名压缩、内置函数 super()以及抽象超类。建议读者进一步参阅官方文档，更加深入地理解相关内容。

8.1 静 态 方 法

有些时候，程序需要处理与类而不是实例相关的信息，如记录由类创建的实例对象的个数。这些信息需要存储于类对象自身之中，不能依赖于任何实例对象，7.1.2 小节介绍的类属性恰好适合此要求。进一步地，处理这些信息的方法最好也只与类对象相关，而与实例对象无关。可是实例方法做不到这一点，因为实例方法有一个位于第一位的固定参数，该参数“期待”一个实例对象，该实例对象就是方法调用时的主体。由此看来，实例方法的调用离不开实例对象。

```
class Spam:
    instance_count = 0              # 类属性

    def __init__(self):
        Spam.instance_count += 1

    def print_instance_count(self):   # 实例方法
        print('Instance created: %d' % Spam.instance_count)
```

如果像上例那样让实例方法 print_instance_count()输出记录实例对象个数的类属性 instance_count 的值，就会出现一种矛盾：必须创建至少一个实例对象(假设将其命名为 spam)，才能通过 spam.print_instance_count()的方式输出所有实例对象的个数，这也使它永远没有机会输出 0。示例如下：

```
>>> spam = Spam()
>>> spam.print_instance_count()
Instance created: 1
>>> Spam.print_instance_count(spam)
Instance created: 1
```

为了解决上述问题，我们需要一种不依赖于实例对象的方法。Python 中的静态方法就是这样。静态方法(static method)就是在类中定义的没有 self 形参的函数，旨在操作类属性而非实例属性。要定义静态方法，除了在函数的参数列表中略去 self 形参外，还需要将所得的函数对象作为参数传递给一个名为 staticmethod()的内置函数，它返回一个静态方法。示例如下：

```
class Spam:
    instance_count = 0                # 类属性

    def __init__(self):
        Spam.instance_count += 1

    def print_instance_count():       # 注意函数没有形参self
        print('Instance created: %d' % Spam.instance_count)

    print_instance_count = staticmethod(print_instance_count)          # 创建静态方法
```

静态方法可由类对象或实例对象调用，如下所示：

```
>>> Spam.print_instance_count()
Instance created: 0
>>> spam = Spam()
>>> Spam.print_instance_count()
Instance created: 1
>>> spam2 = Spam()
>>> spam.print_instance_count()
Instance created: 2
```

静态方法一样可以被继承，并在子类中被重载。紧接上例，可以定义一个 Spam 类的派生类，如下所示：

```
class SpamLite(Spam):
    pass
>>> spam3 = SpamLite ()
>>> spam.print_instance_count()
Instance created: 3
```

8.2 类　方　法

类方法(class method)有一个位于参数列表第一位的名为 cls 的形参，用于接收作为调用主体的类对象，定义后需要使用内置函数 classmethod()来生成。下例使用类方法输出实例对象的个数。

```
class Spam:
    instance_count = 0                    # 类属性

    def __init__(self):
        Spam.instance_count += 1

    def print_instance_count(cls):        # 约定俗成地使用cls作为类方法的第一个参数
        print('Instance created: %d' % cls.instance_count)

    print_instance_count = classmethod(print_instance_count)  # 创建类方法
```

类方法一样可由类对象或实例对象调用。类方法自动地将类对象作为第一个参数接收。示例如下：

```
>>> Spam.print_instance_count()
Instance created: 0
>>> spam = Spam()
>>> spam.print_instance_count()
Instance created: 1
```

在实践中一般不会直接使用内置函数 staticmethod()和 classmethod()来创建静态方法和类方法，而是使用一种更简便的名为函数装饰器的语法，将@staticmethod 和@classmethod 写在定义方法的 def 语句之前，可以达到同样的效果。示例如下：

```
class Spam:
    instance_count = 0                    # 类属性
```

```
    def __init__(self):
        Spam.instance_count += 1

    @staticmethod
    def print_instance_count():            # 静态方法
        print('Instance created: %d' % Spam.instance_count)

    @classmethod
    def print_instance_count2(cls):        # 类方法
        print('Instance created: %d' % cls.instance_count)
```

至此，我们已经介绍了三种在类中定义的、与类相关的方法，将它们总结如下：

(1) 实例方法：它“期待”一个实例对象作为第一个参数，习惯上将该参数写作 self。通过实例对象调用实例方法时，Python 会把实例对象自动传递给第一个参数；而通过类对象调用实例方法时，需要手动传入实例对象。

(2) 静态方法：它不需要实例对象作为第一个参数，通常通过类对象来调用。

(3) 类方法：它“期待”一个类对象作为第一个参数，习惯上将该参数写作 cls。

8.3 装　饰　器

函数装饰器(function decorator)是加工另一个函数的函数，使用形如@decorator 这样的语法，置于待加工的函数定义之前，返回的加工过的函数对象会自动地与原函数名绑定。

装饰器在语法层面上只是一种便捷的写法。在下面这个极简的例子中，首先定义了一个函数 decorator()，它接收并返回一个函数对象；接着对另一个函数 func()使用装饰器语法。

```
def decorator(f): return f


@decorator
def func(): pass
```

使用@decorator 装饰函数 func()，在功能上等同于先将函数对象 func 传递给 decorator()函数，再将返回的函数对象赋给原函数名 func，如下所示：

```
def func(): pass


func = decorator(func)
```

从软件设计模式来看，装饰器可以动态地为已经存在的对象添加额外的功能，而不必使用继承重载或修改被装饰对象的代码。

Python 中常见的函数装饰器包括用于创建静态方法的@staticmethod、创建类方法的@classmethod，以及将类中方法转换为属性的@property。其中，@property 装饰器会将方法转换为相同名称的只读属性,可以与所定义的属性配合使用，这样可以防止属性被修改。

例如，在 7.2.2 小节定义的 Employee 类有一个名为 surname()的实例方法，用于从雇员姓名中提取姓氏。一般通过类的实例对象调用实例方法，调用时方法名后的括号不可省略。示例如下：

```
>>> li = Employee('Li Lei')
>>> li.surname()
'Li'
```

当像下面这样对 surname()方法使用装饰器@property 之后，就可以将其作为实例属性进行访问。

```
class Employee:
    def __init__(self, name, job=None, pay=0):
        self.name = name
        self.job = job
        self.pay = pay

    @property
    def surname(self):
        return self.name.split()[0]
```

注意，访问 surname 时不能加括号，因为它不再是类的实例方法，而是实例属性。示例如下：

```
>>> li = Employee('Li Lei')
>>> li.surname
'Li'
>>> li.surname()
Traceback (most recent call last):
  File "<stdin>", line 1, in <module>
TypeError: 'str' object is not callable
```

实际上，在装饰器@property 背后起实际作用的是 Python 的内置函数 property()。如下所示，它接收四个可选参数，调用之后会返回一个 property 对象，将该 property 对象赋给一个变量后，就得到了一个以该变量为名的实例属性。

```
attribute = property(fget=None, fset=None, fdel=None, doc=None)
```

内置函数 property()的前三个参数 fget、fset 和 fdel 均接收函数对象，分别用于指定如何访问、修改和删除由 property()创建的属性。调用时如果不为某个参数传入对象，则其默认为 None，这意味着所创建的属性将不支持相应的操作。内置函数 property()的最后一个参数 doc 可用于创建属性对象的文档字符串。

下面的例子演示了内置函数 property()的用法。我们在这里创建了一个用于表示温度的 Temperature 类，其内部用摄氏度记录温度的值，同时提供以摄氏度和华氏度为单位的温度输出。

```
class Temperature:
    def __init__(self):
        self._celsius = 0

    def get_celsius(self):
        return self._celsius

    def set_celsius(self, celsius):
        if celsius < -273:
            raise ValueError('Nothing can be colder than absolute zero')
        self._celsius = celsius

    def del_celsius(self):
        self._celsius = 0

    def get_fahrenheit(self):
        return (self._celsius * 1.8) + 32

    celsius = property(get_celsius, set_celsius, del_celsius)
    fahrenheit = property(get_fahrenheit)
```

注意，在 Temperature 类中通过调用内置函数 property()分别生成了表示摄氏度的属性 celsius 和表示华氏度的属性 fahrenheit，其中 celsius 属性支持读取、修改和删除操作，fahrenheit 属性只支持读取操作。示例如下：

```
>>> t = Temperature()
>>> t.celsius
0
>>> t.fahrenheit
32.0
>>> t.celsius = 100
>>> t.fahrenheit
```

```
212.0
>>> del t.celsius
>>> t.celsius
0
>>> del t.fahrenheit
Traceback (most recent call last):
  File "<stdin>", line 1, in <module>
AttributeError: can't delete attribute
```

也可以使用@property 装饰器实现上例中对属性的读取；至于修改和删除，则需要用属性名作为方法名，并加上形如@attribute.setter 和@attribute.deleter 这样的装饰。示例如下：

```
class Temperature:
    def __init__(self):
        self._celsius = 0

    @property
    def celsius(self):
        return self._celsius

    @celsius.setter
    def celsius(self, celsius):
        if celsius < -273:
            raise ValueError('Nothing can be colder than absolute zero')
        self._celsius = celsius

    @celsius.deleter
    def celsius(self):
        self._celsius = 0

    @property
    def fahrenheit(self):
        return (self._celsius * 1.8) + 32
```

很多面向对象程序设计语言(如 C++和 Java)都支持在类内定义所谓的 getter 和 setter 方法，让用户以一种间接的、可控的方式访问类中的属性，增强了类对数据的封装能力。Python 中的内置函数 property()以及装饰器@property 在一定程度上起到了与 getter 和 setter 方法相似的作用。

需要注意的是，C++和 Java 可以在类中通过声明 private、protected 和 public 实现对属性的访问控制，但 Python 不支持这样做。由于装饰器@property 会将方法转换为同名的只读属性，这在一定程度上提供了一种防止属性被修改的方法。

用户也可以自己定义函数装饰器，如下所示：

```
>>> def decorator(func):
...     def wrapper(a, b):
...         print('before')
...         result = func(a, b)
...         print('after')
...         return result
...     return wrapper
...
>>> @decorator
... def func(a, b):
...     return a + b
...
>>> print(func(1, 2))
before
after
3
```

除了上述介绍的函数装饰器外，Python 中还有类装饰器以及描述符(descriptor)。这些高级功能多在编写工具类时用到，一般的应用程序开发人员应首先掌握好常用的函数装饰器。因此，本书略过类装饰器和描述符。

8.4　变量名压缩

Python 支持所谓的变量名压缩(name mangling)，以使类内部特定的变量局部化，从而“难以”从类外部访问。压缩后的变量名经常被认为是“私有的”。具体来说，在类定义代码块内，开头有两个下画线，但结尾没有两个下画线的变量名会被 Python 自动扩展，使其包含所属类的名称。例如，Spam 类内__x 这样的变量名会自动变成 _Spam__x。

有关变量名压缩有两点需要注意：① 变量名压缩只发生在类定义的 class 代码块内，而且只针对开头有两个下画线的变量名；② 变量名压缩并不能彻底阻止类外部的代码对其进行访问。下例通过手动补全压缩后变量名的方式实现了对其的访问。

```
>>> class Employee:
...     def __init__(self, name, job=None, pay=0):
...         self.name = name
...         self.job = job
...         self.__pay = pay
```

```
...
...        def __give_raise(self, percent):
...            self.__pay = int(self.__pay * (1 + percent))
...
>>> li = Employee('Li Lei', 'dev', 10000)
>>> li.__pay
Traceback (most recent call last):
  File "<stdin>", line 1, in <module>
AttributeError: 'Employee' object has no attribute '__pay'
>>> li._Employee__pay
10000
>>> li.__give_raise(0.1)
Traceback (most recent call last):
  File "<stdin>", line 1, in <module>
AttributeError: 'Employee' object has no attribute '__give_raise'
>>> li._Employee__give_raise(0.1)
>>> li._Employee__pay
11000
>>> li.__dict__
{'name': 'Li Lei', 'job': 'dev', '_Employee__pay': 10000}
```

由此可见，压缩后的变量名并不是真正的“私有”，称其为“伪私有”会更合适。实际上，变量名压缩主要是为了避免命名冲突，而不是限制变量名的读取。

至此，可以将 Python 中变量名附加下画线的用法总结如下：

(1) _single_leading_underscore：一种宣告“仅供模块内部使用”的标识符，导入语句 from … import *不会导入以单个下画线开头的变量名。

(2) single_trailing_underscore_：用于避免与 Python 关键字冲突。例如，Tkinter 模块有如下类定义：Tkinter.Toplevel(master, class_='ClassName')，其中的参数 class_ 被特意地加上了一条下画线，以区别 Python 的关键字 class。

(3) __double_leading_underscore：当用于类定义内的属性名或方法名时，引发变量名压缩。

(4) __double_leading_and_trailing_underscore__：Python 定义的一些属性和方法前后各有两条下画线，可供用户访问，如 __init__、__import__、__file__等。定义这样的变量是 Python 的事，我们只去访问这些变量就好，不要使用前后两条下画线命名自己的变量。

8.5　内置函数 super()

使用内置函数 super()在子类中调用超类的方法，从而无须明确地指定超类的名称。

7.2.5 小节介绍重写时已经展示了 super()的基本用法，本节再举一例。

首先定义一个表示矩形的类 Rectangle，其有一个计算面积的方法 area()；再派生出一个表示正方形的类 Square，其在自己的构造函数中通过 super()调用了超类 Rectangle 的构造函数；最后由正方形类 Square 派生出正方体类 Cube，其是由六个完全相同的正方形围成的立体形状。在 Cube 类中，除了重写计算面积的方法 area()之外，还定义了新的计算体积的方法 volume()。示例如下：

```
class Rectangle:
    def __init__(self, length, width):
        self.length = length
        self.width = width

    def area(self):
        return self.length * self.width

class Square(Rectangle):
    def __init__(self, length):
        super().__init__(length, length)

class Cube(Square):
    def area(self):
        return super().area() * 6

    def volume(self):
        return super().area() * self.length
```

上例展示了内置函数 super()的典型用法：在单一继承的类层次结构中，super()可以引用超类而无须显式地指定超类的名称，倘若以后决定从另一个超类继承，就无须修改使用 super()的部分。由此看来，使用 super()在一定程度上提高了代码的可维护性。

实际上，调用 super()返回的是一个代理对象，该代理对象将方法调用委派给实例对象的“继承树”(或称“祖先树”)中的某个超类。在此过程中，对“继承树”的搜索顺序至关重要。Python 使用一个名为 MRO(Method Resolution Order，方法解析顺序)的序列来指明此顺序。一个类的 MRO 是一个包含了其继承链上所有基类的线性序列，并且序列中的每一项都保持唯一。当需要在继承链中寻找某个属性时，Python 会在 MRO 序列中从左到右开始查找各个超类，直到找到第一个匹配该属性的类为止。

可以通过类对象的 __mro__ 属性查看 MRO。如下例所示，类对象的 __mro__ 属性是一个元组，类对象自身、超类、超类的超类依次排列，直至 Python 中一切对象的基础 object 结束。

```
>>> Rectangle.__mro__
(<class '__main__.Rectangle'>, <class 'object'>)
```

```
>>> Square.__mro__
(<class '__main__.Square'>, <class '__main__.Rectangle'>, <class 'object'>)
>>> Cube.__mro__
(<class '__main__.Cube'>, <class '__main__.Square'>, <class '__main__.Rectangle'>, <class 'object'>)
```

上例在调用内置函数 super()时没有为其传入参数，但 super()也可以接收两个参数：第一个是类，第二个是该类的实例对象。例如，Square 类可以通过如下方式调用其超类 Rectangle 的构造函数。

```
class Square(Rectangle):
    def __init__(self, length):
        super(Square, self).__init__(length, length)
```

在使用 super(Square, self)时，对“继承树”的搜索会从第一个参数指定的类(此处为 Square)之后开始。Square 类的 MRO 为 Square→Rectangle→object，从第一个参数指定的 Square 之后开始搜索，随即找到的就是 Rectangle。

在 Python 3 中，像上例那样在调用内置函数 super()时为其传入参数与不用参数的效果是一样的。为了代码简洁，在实践中要使用不加参数的写法，除非必要，不要为 super()传入参数。而在 Python 2 中，只有新式类才能使用内置函数 super()，并且必须像上例那样为其指定参数。

通过向 super()的第一个参数传入“继承树”上位置更高的超类，可以实现“隔代指定”。例如，下例中 Cube 类调用的不是其超类 Square 的 area()方法，而是超类的超类 Rectangle 的 area()方法。这是因为 Cube 类的 MRO 为 Cube→Square→Rectangle→object，使用 super(Square, self)令其从第一个参数指定的 Square 之后开始搜索，这样就跳过了 Cube 的直接超类 Square，从而达到了其超类的超类 Rectangle。

```
class Cube(Square):
    def area(self):
        return super(Square, self).area() * 6

    def volume(self):
        return super(Square, self).area() * self.length
```

需要强调的是，调用内置函数 super()时不加参数是 Python 3 的推荐做法，像上面那样刻意地改变“继承树”的搜索顺序在实践中应当谨慎为之，如确有必要，则更应该反思类之间的继承关系设计得是否得当。

8.6 抽象超类

如果想要定义一个接口，并且通过执行类型检查来确保子类实现了某些特定方法，可以使用抽象超类。抽象超类的一个特点是它不能够被实例化，其目的是让子类通过继承方式或者注册方式实现特定的抽象方法。

下例定义了一个抽象超类 Super，它的部分方法由其子类提供。请读者注意下例中 Provider 类的实例对象是如何工作的。

```
>>> class Super:
...     def method(self):
...         print('Super.method')
...
...     def delegate(self):
...         self.action()
...
>>> class Provider(Super):
...     def action(self):
...         print('Provider.action')
...
>>> p = Provider()
>>> p.delegate()
Provider.action
```

如果预期由子类提供的方法没有在子类中定义，则当继承搜索失败时，会引发有关未定义属性的异常，如下所示：

```
>>> class Super:
...     def method(self):
...         print('Super.method')
...
...     def delegate(self):
...         self.action()
...
>>> class Provider(Super):
...     pass
...
>>> p = Provider()
>>> p.delegate()
Traceback (most recent call last):
  File "<stdin>", line 1, in <module>
  File "<stdin>", line 6, in delegate
AttributeError: 'Provider' object has no attribute 'action'
```

为了提醒类的使用者，抽象超类中的方法必须在子类中实现，抽象超类的编写者会故意引发 NotImplementedError 异常。这样，如果直接调用抽象超类中的抽象方法而没有事先实现该方法，就会引发异常，从而起到提醒调用者的作用。示例如下：

```
>>> class Super:
...     def method(self):
...         print('Super.method')
...
...     def delegate(self):
...         self.action()
...
...     def action(self):
...         raise NotImplementedError('Method action() must be defined')
...
>>> class Provider(Super):
...     pass
...
>>> p = Provider()
>>> p.delegate()
Traceback (most recent call last):
  File "<stdin>", linc 1, in <module>
  File "<stdin>", line 6, in delegate
  File "<stdin>", line 9, in action
NotImplementedError: Method action() must be defined
```

在实践中，可以使用 Python 的内置模块 abc 实现抽象超类。如果一个抽象超类要求实现指定方法，而子类没有实现该方法，则当试图创建子类时会产生异常。示例如下：

```
>>> from abc import ABCMeta, abstractmethod
>>>
>>> class Super(metaclass=ABCMeta):
...     def method(self):
...         print('Super.method')
...
...     def delegate(self):
...         self.action()
...
...     @abstractmethod
...     def action(self):
...         pass
```

```
...
>>> class Provider(Super):
...     pass
...
>>> s = Super()
Traceback (most recent call last):
  File "<stdin>", line 1, in <module>
TypeError: Can't instantiate abstract class Super with abstract method action
>>> p = Provider()
Traceback (most recent call last):
  File "<stdin>", line 1, in <module>
TypeError: Can't instantiate abstract class Provider with abstract method action
```

抽象超类提供了一种要求子类实现指定协议的方式。通过定义抽象超类，可以为一组子类定义通用的接口，这在实践中十分有用。

第9章 异常处理

异常(exception)是指程序运行时引发的错误，引发错误的原因很多，如除零、类型错误、下标越界、字典键错误、文件不存在、磁盘空间不足、网络异常等。这些错误如没有得到适当处理，将会导致程序运行终止；而合理地使用异常处理能够让程序在发生异常后尽可能地运行下去，并为用户提供更加友好的错误提示信息。Python 内置了 60 余个提前定义好的异常类型，用户可以使用它们处理普通应用程序可能发生的大多数异常，还可以使用面向对象技术从 Python 内置的 Exception 类继承定义自己的异常类型。Python 用于异常处理的基本的 try ... except 结构与 C++、Java 等语言中的 try ... catch 结构区别不大，但 Python 的独到之处在于其可以附加一个 else 子句，当 try 代码块内没有出现异常时就会执行 else 子句中的内容。Python 用于异常处理的语法简单易学，而如何确定捕捉异常的时机、如何安排异常类的匹配顺序、如何妥善处理捕捉到的异常等才是编程人员真正需要深思熟虑的问题。

本章着重介绍 Python 中内置异常类的组织形式、用于异常处理的 try ... except ... else ... finally 结构以及用户自定义异常方法等内容，还将简介与异常处理相关的 assert 断言语句和 with ... as 上下文管理器。

9.1 内置异常类型

对于 Python 中的异常，我们已经屡见不鲜。例如，尝试访问一个未定义的变量会引发 NameError 异常：

```
>>> a
Traceback (most recent call last):
  File "<stdin>", line 1, in <module>
NameError: name 'a' is not defined
```

数字 0 作除数会引发 ZeroDivisionError 异常：

```
>>> 1 / 0
Traceback (most recent call last):
  File "<stdin>", line 1, in <module>
ZeroDivisionError: division by zero
```

列表索引超出范围会引发 IndexError 异常：

```
>>> x = [1, 2, 3]
>>> x [3]
Traceback (most recent call last):
  File "<stdin>", line 1, in <module>
IndexError: list index out of range
```

将整数和字符串用于“+”运算会引发 TypeError 异常：

```
>>> 1 + '2'
Traceback (most recent call last):
  File "<stdin>", line 1, in <module>
TypeError: unsupported operand type(s) for +: 'int' and 'str'
>>>
>>> '2' + 1
Traceback (most recent call last):
  File "<stdin>", line 1, in <module>
TypeError: can only concatenate str (not "int") to str
```

将非数值字符转换为整数类型会引发 ValueError 异常：

```
>>> int('a')
Traceback (most recent call last):
  File "<stdin>", line 1, in <module>
ValueError: invalid literal for int() with base 10: 'a'
```

类似上面的例子不一而足，它们都是在程序运行时发生的错误。Python 事先将可能发生的错误分门别类地加以整理，将其称为异常。当特定的异常发生时，用户程序可以捕捉异常并进行处理，也可以选择忽视异常。如果用户程序对发生的异常不做处理，Python 默认的处理方式是像上面的例子那样终止程序执行并显示异常信息；如果用户提供处理异常的代码(具体做法将在 9.2 节介绍)，Python 会在捕捉到异常后转而执行用户的异常处理代码，并在执行完毕后继续运行原程序发生异常之后的部分。

实际上，Python 定义的异常不只包括程序运行时发生的错误，一些事件的发生也以异常的形式向外报告。例如，到达可迭代对象末尾会触发 StopIteration 异常，用户中断执行(如在交互环境中输入 Ctrl + C)会产生 KeyboardInterrupt 异常等，如下所示：

```
>>> i = iter(range(3))
>>>
>>> next(i)
0
>>> next(i)
1
```

```
>>> next(i)
2
>>> next(i)
Traceback (most recent call last):
  File "<stdin>", line 1, in <module>
StopIteration
```

Python 以面向对象程序设计中的类的形式组织异常，可以在交互环境中通过命令“import builtins; help(builtins)”查看。以下为 Python 3.9 中所有异常类的继承关系。

```
BaseException
    Exception
        ArithmeticError
            FloatingPointError
            OverflowError
            ZeroDivisionError
        AssertionError
        AttributeError
        BufferError
        EOFError
        ImportError
            ModuleNotFoundError
        LookupError
            IndexError
            KeyError
        MemoryError
        NameError
            UnboundLocalError
        OSError
            BlockingIOError
            ChildProcessError
            ConnectionError
                BrokenPipeError
                ConnectionAbortedError
                ConnectionRefusedError
                ConnectionResetError
            FileExistsError
            FileNotFoundError
            InterruptedError
```

```
            IsADirectoryError
            NotADirectoryError
            PermissionError
            ProcessLookupError
            TimeoutError
        ReferenceError
        RuntimeError
            NotImplementedError
            RecursionError
        StopAsyncIteration
        StopIteration
        SyntaxError
            IndentationError
                TabError
        SystemError
        TypeError
        ValueError
            UnicodeError
                UnicodeDecodeError
                UnicodeEncodeError
                UnicodeTranslateError
        Warning
            BytesWarning
            DeprecationWarning
            FutureWarning
            ImportWarning
            PendingDeprecationWarning
            ResourceWarning
            RuntimeWarning
            SyntaxWarning
            UnicodeWarning
            UserWarning
    GeneratorExit
    KeyboardInterrupt
    SystemExit
```

其中，BaseException是一切异常类的基类，它有四个子类：Exception、GeneratorExit、KeyboardInterrupt 和 SystemExit。其中的 GeneratorExit、KeyboardInterrupt 和 SystemExit 是与系统退出相关的异常，与一般的应用程序关系不大。Exception 类包含各式各样的异常

子类，用户编写的应用程序最常处理的就是这些类，具体的处理方法将在 9.2 节介绍。

9.2 异常处理

9.2.1 try … except 语句

使用 try … except 语句捕捉并处理异常，将可能产生异常的代码加上缩进置于关键字 try 之下，待捕捉的异常类的名字置于关键字 except 之后，再加上缩进后的用于处理异常的代码，如下所示：

```
try:
    1 / 0
    print('This line will not be executed')
except ZeroDivisionError:
    print('Catch an exception')
print('This line will be executed as normal')
```

运行以上代码，结果如下：

```
Catch an exception
This line will be executed as normal
```

上例说明 try 代码块中的语句 1 / 0 在运行过程中产生的 ZeroDivisionError 异常被"except ZeroDivisionError:"这一句所捕获，紧接着执行了 except 代码块中的用于处理异常的语句。这里虽然只有一行简单的"print('Catch an exception')"，但在现实中可以包含任意复杂的代码。异常处理结束后，Python 跳出 try … except 结构，继续执行之后的语句。因此，位于 try 代码块内 1 / 0 语句之后的"print('This line will not be executed')"不会被执行。

将此例与 9.1 节中 Python 默认提供的异常处理机制(终止程序执行，显示异常信息)进行对比，可以看出，使用 try … except 语句捕获异常并加以处理，使得程序在发生异常后还能继续运行下去，这对提高程序的健壮性很有意义。

在 except 子句中，可以在异常名称后面指定一个变量名。该变量名和一个异常实例绑定，实例的参数存储在 args 属性中。为了方便起见，异常类定义了自己的 __str__()方法，因此可以直接显示参数而无须引用 args。示例如下：

```
>>> try:
...     1 / 0
... except ZeroDivisionError as err:
...     print(type(err))
...     print(err.args)
```

```
...         print(err)
...
<class 'ZeroDivisionError'>
('division by zero',)
division by zero
```

一个 try 语句可以附带多个 except 子句，发生的异常与各个 except 子句中的异常类名进行匹配，在第一次匹配成功后转而执行相应 except 代码块中的内容。一个 except 子句也可以将多个异常类名组织成元组。只要匹配成功一次，就不会再尝试匹配之后的 except 子句。示例如下：

```
>>> try:
...         1 / 0
...     except NameError as err:
...         print('Caught an error: {0}'.format(err))
...     except (TypeError, RuntimeError, ZeroDivisionError) as err:
...         print('Caught an error: {0}'.format(err))
...     except ZeroDivisionError:
...         print('This line will not be executed')
...
Caught an error: division by zero
```

用在 except 子句中的异常基类可以匹配它的子类。例如，下面的代码通过继承 Python 内置的 Exception 类自定义了一个异常类 B，然后依次定义了 B 的两个子类 C 和 D，使用关键字 raise 后跟异常类实例对象的方式强制地产生异常，except 子句捕获异常后输出异常的类型。

```
class B(Exception):
    pass


class C(B):
    pass


class D(C):
    pass


for cls in (B, C, D):
    try:
```

```
            raise cls()
        except B:
            print('B')
        except C:
            print('C')
        except D:
            print('D')
```

令人略感意外的是，上例会依次输出 B、B、B。这是由于异常基类 B 被放在了第一个 except 子句中，从而“拦截”了所有的异常子类。交换语句 except B 和 except D 的位置，从而将异常基类 B 置于最后，就会输出 B、C、D。

可以将 except 子句中的异常类名省去，这样的空 except 子句将匹配一切异常。但在实践中应谨慎使用这种方法，因为其容易掩盖真正的错误。此外，空 except 语句还会“拦截”系统退出事件类 (参见 9.1 节中 Python 内置异常类继承关系中的 GeneratorExit、KeyboardInterrupt 和 SystemExit)，这几个异常事件一般不应由用户编写的应用程序处理。因此，如果要一个作为“通配符”的 except 语句，应该使用 except Exception，它可以匹配除了 GeneratorExit、KeyboardInterrupt 和 SystemExit 之外的一切异常。

9.2.2　try … except … else 语句

try … except 语句可以附带一个 else 子句，其必须放在所有的 except 子句之后，当执行完 try 代码块中的内容而没有产生任何异常时才会执行 else 子句中的内容。下例在顺利打开文件之后才执行 else 子句中的内容，输出文件的行数。

```
try:
    f = open('filename.txt', 'r')
except OSError:
    print('Cannot open file')
else:
    print(' File has', len(f.readlines()), 'lines')
    f.close()
```

9.2.3　try … except … finally 语句

try 语句还有另一个可选的 finally 子句。如果在 try 代码块之后跟随着 finally 子句，那么 Python 一定会执行 finally 子句内的代码，而无论 try 代码块执行时是否发生了异常。根据异常是否发生以及 finally 之前是否有 except 子句，可以分为以下三种情况。

(1) 如果 try 代码块在运行过程中没有异常发生，Python 会在执行完 try 代码块后继续执行 finally 中的内容。示例如下：

```
>>> try:
...     print('We are all right')
... finally:
...     print('This line will always be executed')
...
We are all right
This line will always be executed
```

(2) 如果 try 代码块在运行过程中有异常发生，并且该异常被 try 之后的 except 子句捕获，则 Python 会在执行完 except 代码块后再执行 finally 中的内容。示例如下：

```
>>> try:
...     raise RuntimeError
... except RuntimeError:
...     print('Caught an exception')
... finally:
...     print('This line will always be executed')
...
Caught an exception
This line will always be executed
```

(3) 如果 try 代码块在运行过程中有异常发生，但该异常没有被之后的 except 子句捕获，则 Python 会先执行 finally 中的内容，接着把异常向上传递。在下面这个使用 Python 交互环境的例子中，“向上传递”意味着触发 Python 默认的异常处理机制，即显示异常信息并终止程序运行。

```
>>> try:
...     raise NameError
... except RuntimeError:
...     print('Caught an exception')
... finally:
...     print('This line will always be executed')
...
This line will always be executed
Traceback (most recent call last):
  File "<stdin>", line 2, in <module>
NameError
```

此外，如果在执行 try 代码块的过程中遇到 break、continue 或 return 语句，则 finally 子句将在执行 break、continue 或 return 语句之前被执行。示例如下：

```
>>> while True:
...     try:
...         break
...         print('No chance to execute this line')
...     finally:
...         print('This line will always be executed')
...
This line will always be executed
```

如果 finally 子句中包含一个 return 语句，则返回值将来自 finally 子句的 return 语句的返回值，而非来自 try 子句的 return 语句的返回值。示例如下：

```
>>> def bool_return():
...     try:
...         return True
...     finally:
...         return False
...
>>> bool_return()
False
```

在实际应用程序中，finally 子句可以用于定义必须在所有情况下执行的清理操作，这对于释放外部资源(如关闭文件或网络连接)非常有用。

至此，将 Python 中与 try ... except 相关的语法总结如下：

```
try:
    <statements>        # Run this main action first
except <name1>:
    <statements>        # Run if name1 is raised during try block
except (<name2>, <name3>):
    <statements>        # Run if any of name2 or name3 occur
except <name4> as <instance>:
    <statements>        # Run if name4 is raised, and get the instance raised
except:
    <statements>        # Run for all (other) exceptions raised
else:
    <statements>        # Run if no exception is raised during try block
finally:
    <statements>        # Will always run
```

9.2.4 raise 语句

9.2.1 节已经使用过 raise 语句产生一个指定的异常。以下两种方式效果相同，都会引发指定的异常类的一个实例，只是第一种形式通过调用没有参数的构造函数来隐式地创建实例。

```
>>> raise IndexError
Traceback (most recent call last):
  File "<stdin>", line 1, in <module>
IndexError
>>> raise IndexError()
Traceback (most recent call last):
  File "<stdin>", line 1, in <module>
IndexError
```

在创建异常类的实例对象时，可以为其提供参数，该参数一般是一个用于描述异常的字符串，此时必须使用括号。示例如下：

```
>>> raise IndexError('the index should start from 0')
Traceback (most recent call last):
  File "<stdin>", line 1, in <module>
IndexError: the index should start from 0
```

仅使用关键字 raise 而不在其后附加异常名，就是重新引发当前的异常。如果在捕获一个异常之后还希望该异常能继续传递下去，可以使用单独的 raise 语句。这在处理未知异常时非常有用。如下例所示，与预料到的异常都不相符的未知异常会被匹配一切的“except Exception:”子句捕获，输出提示信息后使用空 raise 语句将其再次抛出，使其不要就此而止，而是有机会被更高层的异常处理机制捕获并处理。

```
import sys

try:
    f = open('filename.txt')
    s = f.readline()
    i = int(s.strip())
except OSError as err:
    print('OS error: {0}'.format(err))
except ValueError:
    print('Cannot convert data to an integer')
```

```
    except Exception:
        print('Unexpected error:', sys.exc_info()[0])
        raise
```

9.3　用户自定义异常

除了使用 Python 提供的内置异常类外，用户还可以通过继承定义自己的异常类。用户自定义的异常类不应继承 Python 一切内置异常的基类 BaseException，而应继承 Exception 类。可以选择直接继承 Exception 类，也可以继承 Exception 类的子类。这样一来，在一条 try … except 语句的 except 子句中指明 Exception，就可以捕获除了系统退出事件之外的所有异常。

用户自定义的异常类虽然可以执行任何操作，但一般都刻意保持简单，只提供一些属性用于记录与异常相关的信息。在为一个应用程序定义专用的异常类时，通常的做法是先创建基类，再由该基类派生出不同的错误条件下的异常子类。下例展示了这种层次关系。

```
class CustomError(Exception):
    """Base class for other user-defined exceptions"""
    pass

class ValueTooSmallError(CustomError):
    """Raised when the input value is too small"""
    pass

class ValueTooLargeError(CustomError):
    """Raised when the input value is too large"""
    pass
```

可以在 except 子句中通过基类名捕获所有的用户自定义异常类，这正是使用继承组织用户自定义异常的好处。示例如下：

```
>>> import sys
>>>
>>> for cls in (CustomError, ValueTooSmallError, ValueTooLargeError):
...     try:
...         raise cls()
...     except CustomError:
```

```
...            print(sys.exc_info())
...
(<class '__main__.CustomError'>, CustomError(), <traceback object at 0x0000022FCFB83E40>)
(<class '__main__.ValueTooSmallError'>, ValueTooSmallError(), <traceback object at
  0x0000022FCFB83E40>)
(<class '__main__.ValueTooLargeError'>, ValueTooLargeError(), <traceback object at
  0x0000022FCFB83E40>)
```

9.4 断 言

断言(assert)用于在程序中插入简单的逻辑判断，以供调试之用。其语法如下：

```
assert test[, argument]
```

对于上面的 assert 语句，如果条件表达式 test 为 True，则什么都不做；如果 test 为 False，则产生名为 AssertionError 的 Python 内置异常，argument 是提供给构造 AssertionError 类实例的可选参数。整个 assert 语句与以下代码效果相同：

```
if __debug__:
    if not test:
        raise AssertionError(argument)
```

也就是说，在 Python 内置变量__debug__为 True 的情况下，如果条件表达式 test 为 False，就会引发 AssertionError 异常。

assert 语句一般用在程序开发时对特定的必须满足的条件进行验证，仅当内置变量__debug__为 True 时有效。内置变量__debug__在正常情况下为 True，其值不能通过赋值改变，只有在运行 Python 解释器时附加命令行选项 -O，开启“编译时优化”，才能使__debug__的值变为 False。当 Python 程序以 -O 选项执行时，assert 语句就会被从编译后的字节码中移除，从而优化程序，提高运行速度。

9.5 上下文管理器

使用 with ... as 关键字的代码块称为上下文管理器(context manager)。其语法如下：

```
with expression [as variable]
    statements
```

使用 with ... as 生成的对象所对应的终止或清理行为都将被自动执行，无论前期的处理步骤中是否发生异常。这样看来，with ... as 的作用与 try ... except ... finally 语句相同。

例如，以下左右两段代码的作用相同：

```python
with open('filename.txt') as f:
    for line in f:
        print(line)
```

```python
f = open('filename.txt')
try:
    for line in f:
        print(line)
finally:
    f.close()
```

第10章　模　　块

本章介绍 Python 中最高一层的组织程序的单元——模块(module)。从用途上看，创建模块是为了完成程序设计中的特定任务，或是提供特定功能供他人调用；从形式上看，模块就是一个包含 Python 语句的、以 .py 为文件扩展名的文本文件，即 Python 源程序文件。模块的一大作用是方便代码重用。使用 Python 交互环境可以编写简单的程序，但退出交互环境后再进入会丢失之前定义的变量和函数。因此，在编写较长程序时要用文本编辑器代替交互环境，将代码保存成文件，即脚本(script)，以便多次运行。对于较长的程序，为了方便开发和维护，还可以把一个脚本拆分成多个文件，每个文件实际上就是模块。模块除了可以被多次运行外，其中的对象还可以被导入其他模块中使用。同时，每一个模块都对应着一个独立的命名空间，通过模块的导入可以很方便地使用其他模块中的变量名，这样就减少了变量名冲突的可能，也使得代码的逻辑结构更加清晰。

本章首先介绍导入模块最常用的 import 语句和其变体 from ... import，以及用于模块重载的内置函数 reload()；然后简介包含模块文件目录结构信息的模块包(module package)的用法。

10.1　模块的作用

将 Python 代码写入一个文本文件，为其起一个以 .py 为扩展名的文件名，这就创建了一个 Python 源文件。一个 Python 源文件也是一个模块。由此看来，模块最重要的功能是实现了代码重用：模块中的程序代码以文件的形式被存储起来，可以随时运行；同时，模块中的程序代码还可以被导入到外部的其他程序之中，导入之后，模块中定义的数据、函数、类等任何对象都可以被其他程序使用。

从代码组织的层次来看，模块是 Python 中层次最高的代码单元，起到了分割 Python 命名空间的作用。模块中定义的变量名只为模块自己所有，各个模块中的变量彼此独立，一个模块只有先进行导入操作，才能使用被导入模块中的变量。使用这种隐式的方式让变量名从属于模块，有助于消除命名冲突。实际上，无法定义一个超脱于模块之外的变量。即使是在 Python 交互环境中定义的变量，也属于一个名为字符串 '__main__' 的 Python 内置模块。模块名可以通过 Python 内置变量 __name__ 的值获得。当模块(即源程序文件)被导入时，Python 会把变量 __name__ 赋值为源程序文件的文件名(不包含扩展名)，也就是说，模块名就是文件名。当源程序文件被直接运行时，变量 __name__ 被赋值为 '__main__'，即 Python 顶层程序对应的模块为 '__main__'。

虽然本书中的示例程序大多只有寥寥数行，存储于一个文件中已然足够，但实际的Python程序往往由多个文件构成，其包含一个顶层文件、若干个用户编写的模块文件以及Python 提供的标准模块库(Python Standard Library)。模块文件和顶层文件一样都是由Python语句构成的，但模块文件一般不被直接运行，而是被导入顶层文件以及其他模块文件中，用以提供特定的功能。

如图 10-1 所示，定义一个顶层文件 a.py，它导入了模块文件 b.py，后者导入了模块文件 c.py，文件 b.py 和 c.py 都导入了 Python 标准模块库。

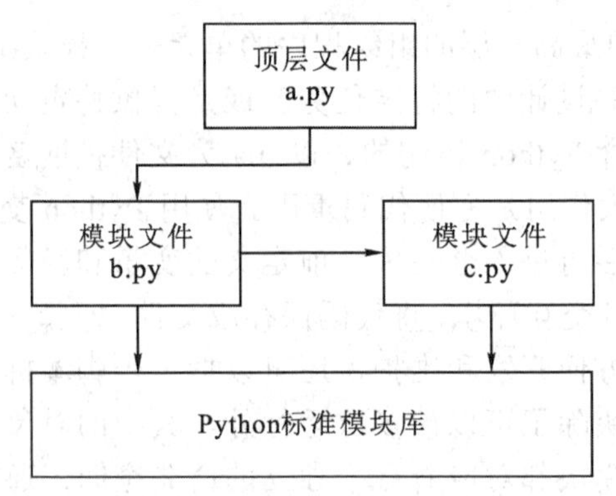

图 10-1　Python 程序的组织形式

模块文件 b.py 和 c.py 由可执行的 Python 语句构成，这与任何一个 Python 源程序文件无异，但作为模块，它们一般不被直接运行，而是定义了供其他程序导入后调用的对象。例如，我们在文件 b.py 中定义了如下一个函数 spam()。

```
def spam(text):          # 文件 b.py
    print(text)
```

顶层文件 a.py 使用如下方式先导入模块文件 b.py，再调用其定义的函数 spam()。

```
import b                 # 文件 a.py
b.spam('hi')
```

顶层文件 a.py 使用 import 语句导入模块 b，实际上是在内存中创建了一个被导入的模块对象，并将模块名 b 赋给该对象。在这之后，顶层文件 a.py 就可以通过变量 b 指代的模块对象访问原模块文件 b.py 中定义的函数 spam()。此处将函数 spam()称为模块对象 b 的属性(attribute)，访问时需使用 module.attribute 的形式。

需要注意的是，模块之间建立联系只有在程序执行到 import 语句时才会发生。Python 此时会在内存中生成与模块文件同名的模块对象，同时从头至尾地执行被导入模块文件中的语句，生成其中定义的对象。如此做的结果是被导入模块文件中的所有顶层变量成为所生成模块对象的属性，并可以通过 module.attribute 的形式被导入者使用。也就是说，Python 中的导入操作发生在程序运行时，这与 C 语言中的预处理命令 #include 在编译阶段将被引用的源程序复制插入指定位置有很大区别。

最后值得一提的是 Python 内置的标准模块库，其包含在 Python 安装文件中，在安装

Python 时会自动地安装至用户机器上。Python 标准模块库包含的组件范围广泛，提供了日常编程中许多问题的标准解决方案。读者可访问官方文档查看标准模块库的详细信息[1]。

10.2　模块的导入

10.2.1　import 语句

使用关键字 import 后跟要导入的模块名来导入模块。要导入多个模块，可以将各个模块名以逗号分割，置于 import 之后，但 Python 编码规范 PEP-8 建议分行书写，即一个 import 之后只出现一个模块名。示例如下：

```
import math
import random

alpha = random.random()
print(math.pow(math.sin(alpha), 2) + math.pow(math.cos(alpha), 2))
```

还可以使用关键字 as 为被导入的模块起一个新名字。例如，用于科学计算的模块 numpy 常被这样导入：import numpy as np，这里的 np 是其约定俗成的简称。实际上，如果使用了关键字 as，那么 as 之后的变量名就会取代原模块名与被导入的模块对象绑定。

使用 import 导入模块时 Python 具体做了什么？10.1 节已经讲到，与 C 语言这样的编译型语言不同，Python 中的 import 操作并不是把被导入文件插入引用者中，而是一种在程序执行时才会进行的运算。程序在第一次导入模块时依次执行了三个步骤：① 搜索要导入的模块文件；② 将模块文件中的源代码编译成字节码(如能找到已编译好的字节码，则略去此步)；③ 执行字节码来创建模块对象。需要注意的是，这些步骤只在模块第一次被导入时才会执行。当重复导入同一个模块时，Python 只会从内存中提取已经加载好的模块对象。从技术上来说，Python 把加载好的模块信息存储在一个名为 sys.modules 的字典中，在一个模块被导入时会查询该字典，仅当没有发现被导入的模块时才会执行上述三个步骤。

以下逐个讲解这三个步骤。

1. 搜索模块文件

要导入模块文件，首先需要确定它的位置。从 10.1 节中的例子可以看到，我们使用 import b 语句导入自己编写的模块文件 b.py 时，并没有指明文件 b.py 的位置。类似地，使用 import random 语句导入 Python 的标准库模块 random 时也无须关心模块文件存放在何处。实际上，在 import 语句中是不允许加入模块文件路径的，Python 自有一套机制用来定位被导入的模块文件。

具体来说，在导入模块时，Python 依次在如下位置搜索模块文件：

1　https://docs.python.org/3/library

(1) 程序当前目录。

(2) 环境变量 PYTHONPATH 中的目录(如果设置了的话)。

(3) 标准链接库目录。

(4) 任何置于 Python 安装目录下的以.pth 为扩展名的文本文件中的内容(如果存在的话)。

以上四个位置的组合构成了 Python 寻找被导入模块文件时的搜索路径，可以通过 sys 模块的 sys.path 属性查看。例如，以下展示了 Windows 操作系统上 Python 3.9 的 sys.path 内容。

```
>>> import sys
>>> sys.path
['', 'C:\\Python39\\python39.zip', 'C:\\Python39\\DLLs', 'C:\\Python39\\lib', 'C:\\Python39',
'C:\\Python39\\lib\\site-packages']
```

注意，sys.path 的第一个元素是一个空字符串。这是因为上例中 Python 解释器是在交互模式下被调用的，此时 sys.path[0]被设置成空字符串。如果使用 Python 解释器运行脚本(10.1 节提到的一个程序的顶层文件)，sys.path[0]会被设置成脚本文件所在的目录。无论哪种情况，sys.path[0]都被用作指示 Python 首先在当前目录中搜索模块文件。由于 Python 总是第一个搜索该路径，在该路径下的文件会覆盖之后出现的同名文件，因此在该路径下命名文件时需注意不要由于重名而遮蔽了 Python 的标准模块库。

值得一提的是.pth 文件，它允许用户把有效的目录添加到搜索路径中去。只要创建一个以.pth 为扩展名的文本文件(文件名可以随意地起)，把想要包含的路径添加进去(一行一个)，最后将该文件放置到合适的位置，即可将它们加入搜索路径中。在添加过程中，Python 还会自动过滤任何重复和不存在的路径。至于.pth 文件的存放位置，不同平台不尽相同，可以通过如下方式查看：

```
>>> import site
>>> site.getsitepackages()
['C:\\Python39', 'C:\\Python39\\lib\\site-packages']
```

作为示例，我们在 Windows 操作系统的 C:\Python39 目录下创建一个名为 foo.pth 的文件，在其中写入一行已存在的路径，如 C:\Users，新启动一个 Python 交互环境，导入 sys 模块后查看 sys.path 属性，可以看到 foo.pth 中的内容已被自动地添加进去，如下所示：

```
>>> import sys
>>> sys.path
['', 'C:\\Python39\\python39.zip', 'C:\\Python39\\DLLs', 'C:\\Python39\\lib', 'C:\\Python39',
'C:\\Users', 'C:\\Python39\\lib\\site-packages']
```

2. 编译成字节码

找到了模块文件之后，Python 会将其编译成字节码，以供解释器执行。其实该步骤并不会每次都发生：Python 总在第一次导入模块文件时将其编译成字节码，并将其以 .pyc 为文件扩展名存储在当前目录下的名为 __pycache__ 的子目录中。之后再次导入模块时，如果该 .pyc 文件还存在，Python 会检查文件的时间戳，如果 .pyc 文件比 .py 文件新，就会跳过编译步骤；如果 .pyc 文件不存在，或是比 .py 文件旧，就会再次执行编译过程。实际上，如果在搜索路径中只有模块的字节码文件，该模块一样可以被导入，这就意味着可以将 Python 程序以字节码的形式向外发布，而不提供源代码。

需要注意的是，我们通常不会见到程序的顶层文件所对应的 .pyc 文件。这是因为顶层文件的字节码在 Python 内部使用过后就被自动丢弃了，除非该顶层文件也作为模块被其他文件导入过。这样看来，只有被导入的文件才会在机器上留下相应的 .pyc 文件。使用 .pyc 保存字节码是为了减少重复编译，提高执行效率。

3. 执行字节码

导入模块的最后一步是执行字节码，以生成模块对象。在这一步中，Python 会从头至尾地执行被导入模块文件中的语句，所生成的顶层对象会成为模块的属性。

10.2.2　from ... import 语句

使用形如 from ... import 这样的语句将模块中特定的部分导入当前命名空间中，而不把整个模块导入。实际上，from ... import 语句在执行时同样需要导入模块，只不过在此之后多了一步，即将变量名复制到当前作用域，这样就可以直接使用模块中的变量名而无须通过 module.attribute 的形式来调用模块的属性。从作用上看，如下的 from ... import 语句：

```
from module import name1, name2
```

和以下四条语句是等价的：

```
import module
name1 = module.name1
name2 = module.name2
del module
```

使用 from ... import 语句从模块中导入变量名有可能会覆盖当前命名空间中的同名变量。例如，假设模块文件 spam.py 中只有一行赋值语句 x = 1，在交互环境中先定义一个同名变量 x = 0，再执行 from spam import x 语句，就会发现变量 x 的值变为了 1，如下所示：

```
>>> x = 0
>>> from spam import x
>>> x
1
```

from ... import 语句让用户在使用模块中的变量时不必输入模块名，便于使用是它的优点，但变量名覆盖问题还需编程人员在命名时多加注意，予以避免。

from ... import 语句也可以用关键字 as 为被导入对象起一个新名字。例如，为了避免潜在的变量名覆盖，可以这样做：

```
from os import open as os_open
```

from ... import 语句还有一种使用通配符“*”的所谓“全部导入”的形式：

```
from module import *
```

这样做会在当前命名空间中生成被导入模块顶层的所有被赋值的变量，之后这些变量就可以被直接使用。但在实践中应慎用这样的“全部导入”，因为它会在当前命名空间中以一种不受程序员控制的方式引入外部的未知变量名，有可能会覆盖当前命名空间中的内容。

值得再次强调的是，import 和 from ... import 都是可执行语句，它们可以像任何 Python 可执行语句一样出现在函数体内、if 结构体中等，直到程序执行到这一步时才会被运行。也就是说，模块中的变量名只有在用于导入它们的 import 和 from ... import 语句执行之后才能够使用。其中，import 为整个模块对象赋一个变量名，而 from ... import 将当前命名空间中的变量名赋给被导入模块中的同名对象。

由此看来，执行 from ... import 语句在当前命名空间中生成的变量会和被导入模块中的同名变量共享对象的引用。如果被共享引用的对象是列表等可变对象，则在当前命名空间中的修改就会影响到被导入模块中的值。例如，首先创建一个模块文件 spam.py，其内容如下：

```
x = 1
y = [1, 2]
```

然后在交互环境中使用 from ... import 导入该 spam 模块。在查看了当前命名空间中新生成的变量 x 和变量 y 之后，改变它们的值。注意，变量 x 引用的整数对象是不可变对象，而变量 y 引用的列表是可变的，这里使用了下标索引方式对列表对象的第一个元素进行了原地修改，如下所示：

```
>>> from spam import x, y
>>> x
1
>>> y
[1, 2]
>>>
>>> x = 3
>>> y[0] = 'ham'
```

紧接着在同一个交互环境中使用 import 语句导入 spam 模块，查看其属性 spam.x 和

spam.y 的值，发现 spam.y 引用的可变列表对象的值已经改变，这是因为导入者和被导入者中的同名变量 y 共享了引用，如下所示：

```
>>> import spam
>>> spam.x
1
>>> spam.y
['ham', 2]
```

如前所述，形如 from … import *这样的使用通配符“*”的语句会导入模块中的所有名称，在实践中应该谨慎使用。实际上，Python 还提供了两种在使用 from … import *语句进行全部导入时隐藏模块内名称的方法。

第一种方法在 8.4 节已经提及，就是在变量名前添加一条下画线“_”。形如_x 的名称不会被 from … import *语句导入，如在模块文件 spam.py 中做如下定义：

```
_x = 1
y = 2


def _f():
    print('hi')
```

在交互环境中使用 from spam import *进行全导入，可以看到以下画线开头的名称不可访问，如下所示：

```
>>> from spam import *
>>> _x
Traceback (most recent call last):
  File "<stdin>", line 1, in <module>
NameError: name '_x' is not defined
>>> y
2
>>> _f()
Traceback (most recent call last):
  File "<stdin>", line 1, in <module>
NameError: name '_f' is not defined
```

这种在变量名前添加下画线的方式仅在一定程度上缓解了被导入的名称“污染”命名空间的问题，它并不是其他一些编程语言中的私有变量。实际上，在 Python 中没有严格意义上的私有属性，在对被保护变量的访问控制上，Python 仅为用户增加了一些麻烦，如果用户执意要做，Python 并不会阻止。例如，上述这种隐藏变量名的方式仅对 from … import * 语句有效，使用 import 语句一样可以访问以下画线开头的名称，如下所示：

```
>>> import spam
>>> spam._x
1
>>> spam.y
2
>>> spam._f()
hi
```

在 from … import 语句中列出以下画线开头的名称也一样可以将其导入，如下所示：

```
>>> from spam import _x, y, _f
>>> _x
1
>>> y
2
>>> _f()
hi
```

除了在变量名前添加下画线外，还可以在模块文件中定义一个名为 __all__ 的列表，在其中列出使用 from … import *语句时要导入的名称。例如，在模块文件 spam.py 中做如下定义：

```
__all__ = ['_x', 'y']
_x = 1
y = 2
z = 3
```

在交互环境中使用 from spam import *进行全导入，可以看到列表 __all__ 包含的变量皆可导入，即使其以下画线开头(如_x)；而不在列表 __all__ 中的变量都被隐藏了起来，即使其不是以下画线开头(如 z) ，如下所示：

```
>>> from spam import *
>>> _x
1
>>> y
2
>>> z
Traceback (most recent call last):
  File "<stdin>", line 1, in <module>
NameError: name 'z' is not defined
```

当然，上例中列表 __all__ 对导入的控制一样可以被绕过，如下所示：

```
>>> import spam
>>> spam._x, spam.y, spam.z
(1, 2, 3)
>>>
>>> from spam import _x, y, z
>>> _x, y, z
(1, 2, 3)
```

10.2.3　reload()函数

Python 只有在第一次执行 import 语句时才会执行被导入模块文件中的代码并创建模块对象，之后再执行 import 语句不会重新执行模块的代码，只会从 sys.modules 字典中取出已存在的模块对象。正如 10.2.1 小节所述，为了导入一个模块，Python 所需执行的三个步骤开销较大，这种“只导入一次”的设定节省了资源，提高了效率，能够满足绝大多数程序的需求。

但当修改了被导入模块的代码，需要再次导入此模块时，默认的导入方式就会出现问题。例如，我们首先创建一个模块文件 spam.py，其内容如下：

```
x = 1
print('hi')
```

然后在交互环境中使用 import spam 导入该模块，可以看到输出了字符串'hi'，这是执行模块文件中代码“print('hi')”的结果，如下所示：

```
>>> import spam
hi
>>> spam.x
1
```

这时修改原模块文件 spam.py，将其中的赋值语句改为 x = 2，之后在同一个交互环境中使用 import spam 语句再次导入 spam 模块，可以发现没有输出，spam.x 仍是旧值 1，这证明第二次导入同一模块并不会执行模块文件中的代码。

要在后续导入过程中强制执行模块文件中的代码，需要使用 reload()函数，它位于标准模块库 importlib 中。上例在修改了 spam.py 的内容后，使用如下方式再次导入 spam 模块，就会重新执行模块文件中的代码。

```
>>> from importlib import reload
>>>
>>> reload(spam)
hi
<module 'spam' from 'C:\\spam.py'>
>>> spam.x
2
```

需要注意的是，reload()函数的参数需要是一个模块对象，这意味着该模块在之前已经被导入。当一个模块被重新导入时，模块文件中对已有变量所赋的新值会覆盖旧值(如上例中的 x = 2)，这正是我们想要的效果；但如果在模块文件中删除了某个已有变量，它还会存在于重新导入后的模块对象中。例如，继续修改上述 spam.py 文件，将 x = 2 替换成 y = 3，然后在同一个交互环境下再次导入，如下所示：

```
>>> reload(spam)
hi
<module 'spam' from 'C:\\spam.py'>
>>> spam.y
3
>>> spam.x
2
```

由上可见，已经在模块文件中删除的变量 spam.x 仍然存在。在实践中使用 reload()函数强制重新导入模块时，需要注意这种情况。

10.3　模　块　包

10.2 节介绍了如何导入模块，也就是 Python 源程序文件。除此之外，也可以在导入过程中指定文件的目录路径。我们将一个包含 Python 代码文件的目录称为模块包(module package)，相应的导入即为包导入。

要使用包导入，只需在 import 语句中列出目录路径，不同层次间以点号间隔。例如，导入 dir1/dir2 目录下的 module.py 模块文件，可以写作：

```
import dir1.dir2.module
```

对于 from … import 语句也一样：

```
from dir1.dir2.module import x
```

以上语句中的 dir1.dir2.module 表示机器上有一个名为 dir1 的目录，其有一个子目录 dir2，而 dir2 中包含一个名为 module.py 的模块文件。此外，它还意味着目录 dir1 位于某个容器目录中(假设其为 dir0)，该容器目录 dir0 位于 10.2.1 小节介绍的搜索路径中。这样看来，模块文件 module.py 的实际路径为 dir0/dir1/dir2/module.py。

要使用包导入，还需遵循一个规则：由点号分割的每个目录中都必须有一个名为 __init__.py 的文件，否则包导入会失败。例如，上述包导入语句 import dir1.dir2.module 对应的目录结构应该是如下形式(假设容器目录 dir0 在 Python 的搜索路径中)：

```
dir0/
    dir1/
```

```
            __init__.py
            dir2/
                __init__.py
                module.py
```

__init__.py 文件可以完全是空的，也可以包含 Python 程序代码，所包含的代码会在首次导入包时被自动执行。要求模块包路径上的每一层目录都含有一个 __init__.py 文件，可以防止有相同名称的目录先于模块包出现在搜索路径中。没有这种保护，Python 就有可能挑选出和程序代码无关的目录，仅仅因为有一个同名的目录刚好出现在搜索路径中较前的位置。

Python 在首次导入某个包时会自动执行路径目录下 __init__.py 文件中的代码。仍以 import dir1.dir2.module 为例，假设路径上的两个 __init__.py 文件内容分别如下：

```
# dir0/dir1/__init__.py
print('dir1 init')
x = 1
```

```
# dir0/dir1/dir2/__init__.py
print('dir2 init')
y = 1
```

被导入的模块文件 module.py 内容如下：

```
# dir0/dir1/dir2/module.py
print('module.py')
z = 3
```

在 dir0 目录下启动 Python 交互环境，导入模块，输出的内容印证了两个__init__.py 文件的代码被依次执行，如下所示：

```
>>> import dir1.dir2.module
dir1 init
dir2 init
module.py
>>>
>>> dir1.x
1
>>> dir1.dir2.y
2
>>> dir1.dir2.module.z
3
```

如果要使用 from … import *语句导入一个目录下的所有模块，该如何做？沿用上例，假设目录 dir0/dir1/dir2/下有 spam.py、ham.py 和 eggs.py 三个模块文件，目录结构如下：

```
dir0/
    dir1/
        __init__.py
        dir2/
            __init__.py
            spam.py
            eggs.py
            ham.py
```

在交互环境中使用 from dir1.dir2 import *语句导入目录 dir2 之下的所有模块文件，可以看到没有成功，模块 spam、ham 和 eggs 并没有被导入，如下所示：

```
>>> from dir1.dir2 import *
>>> spam
Traceback (most recent call last):
  File "<stdin>", line 1, in <module>
NameError: name 'spam' is not defined
>>> ham
Traceback (most recent call last):
  File "<stdin>", line 1, in <module>
NameError: name 'ham' is not defined
>>> eggs
Traceback (most recent call last):
  File "<stdin>", line 1, in <module>
NameError: name 'eggs' is not defined
```

这实际上是 Python 有意为之，目的是避免一个目录下模块文件过多时盲目地全部导入，影响性能。要使用 from … import *语句导入一个目录下的所有模块，就要在该目录对应的 __init__.py 文件中定义一个名为 __all__ 的列表，在其中列出要导入的模块名。例如，下例中规定只导入 spam 模块和 ham 模块：

```
# dir0/dir1/dir2/__init__.py
__all__ = ['spam', 'ham']
```

重新启动交互环境，执行 from dir1.dir2 import *语句，果然成功导入了指定的 spam 和 ham 模块，如下所示：

```
>>> from dir1.dir2 import *
>>> spam
```

```
<module 'dir1.dir2.spam' from 'C:\\dir0\\dir1\\dir2\\spam.py'>
>>> ham
<module 'dir1.dir2.ham' from 'C:\\dir0\\dir1\\dir2\\ham.py'>
>>> eggs
Traceback (most recent call last):
  File "<stdin>", line 1, in <module>
NameError: name 'eggs' is not defined
```

10.4 模块使用技巧

Python 模块使用技巧如下：

(1) 在 Python 的模块内编写代码。事实上，无法写出不在某个模块之内的 Python 程序代码。即使在交互模式下输入的程序代码，也存在于内置模块 __main__ 之内。

(2) 低耦合高内聚。不同模块间的耦合要低，模块内部要高内聚，即模块内部所有内容都为了同一个目的。

(3) 尽可能不要修改其他模块的变量。在一个模块中使用另一个模块中定义的全局变量，这完全可以，但是，修改另一个模块内的全局变量通常是出现设计问题的征兆。

(4) from … import 有破坏导入者命名空间的可能性。这是因为执行 from … import 语句时，Python 执行的是将被导入模块中的变量名导入当前作用域中。但是，如果当前作用域存在相同变量名，那么这些变量就会被覆盖。

(5) 利用模块的 __name__ 属性。每个模块都有一个名为 __name__ 的内置属性，Python 会自动设置该属性：如果文件是以顶层程序文件被执行，__name__ 就会被自动设置为字符串 '__main__'；如果文件被导入，__name__ 就会被自动设置成模块名。模块可以通过检测自己的 __name__ 属性来确定它是被执行还是被导入。

参 考 文 献

Lutz M. Learning Python[M]. 5th Edition. Sebastopol：O'Reilly Media，Inc，2013.